中国水利学会　编

U0157611

机关节水简明读本

主　编：刘金梅

副主编：淡智慧　池宸星

中国水利水电出版社

www.waterpub.com.cn

·北京·

内 容 提 要

　　本书分为上下两篇，共五章。上篇为水利职工节约用水行为规范解读，内容包括：水情及节水政策、生活节水知识、节水宣传教育；下篇为机关节水方法与技术应用，内容包括：节水制度概况、节水技术与产品在机关节水中的应用。本书不仅介绍了机关节水相关政策，节水知识的宣传，雨水的收集利用，灌溉用具、卫生洁具等室内外节水产品的技术应用，还对供水管网、中水利用、智能监管等新兴节水技术进行了案例罗列和讲解。

　　本书适用于机关工作人员、拟开展节水工作单位（楼宇）管理人员、节水领域科研技术人员，其他关心节水工作的读者。

图书在版编目（ＣＩＰ）数据

机关节水简明读本 / 中国水利学会编. -- 北京：
中国水利水电出版社，2020.12
ISBN 978-7-5170-8005-3

Ⅰ. ①机… Ⅱ. ①中… Ⅲ. ①国家机构－节约用水－
基本知识 Ⅳ. ①TU991.64

中国版本图书馆CIP数据核字(2020)第265984号

书　　名	**机关节水简明读本** JIGUAN JIESHUI JIANMING DUBEN
作　　者	中国水利学会　编 主　编：刘金梅 副主编：淡智慧　池宸星
出版发行	中国水利水电出版社 （北京市海淀区玉渊潭南路 1 号 D 座　　100038） 网址：www. waterpub. com. cn E-mail：sales@waterpub. com. cn 电话：(010) 68367658（营销中心）
经　　售	北京科水图书销售中心（零售） 电话：(010) 88383994、63202643、68545874 全国各地新华书店和相关出版物销售网点
排　　版	中国水利水电出版社微机排版中心
印　　刷	北京瑞斯通印务发展有限公司
规　　格	140mm×203mm　32 开本　5.25 印张　100 千字
版　　次	2020 年 12 月第 1 版　2020 年 12 月第 1 次印刷
定　　价	**36.00 元**

前　言

　　我国是水资源严重短缺的国家，人多水少、水资源分布不均是我国的基本水情，同时节水意识不强、用水粗放、浪费严重、效率不高等问题普遍存在，水资源短缺已经成为生态文明建设和经济社会可持续发展的瓶颈。人水和谐共生，建设优美生态环境，需要推进资源全面节约和循环利用，贯彻国家节水行动，降低能耗、物耗，实现生产系统和生活系统循环连接。2019年，水利部组织开展水利行业节水机关建设，以探索可复制推广的节水机关建设模式，带动全社会节约用水。随着节水科普工作的开展，节约用水观念认同度逐渐提升，节水意识逐渐深入人心，但从认同到主动实践，以及如何有效实践，仍存在鸿沟；机关单位对节约用水实现的技术途径，认识仍比较单一。为此，全国节约用水办公室委托中国水利学会组织编写《机关节水简明读本》，围绕机关节水工作中涉及的政策规范和节水技术展开介绍，观念与技术手段并进，兼顾科普与实用。

　　本书的目标在于对节水有关规章制度和技术方法等进行汇总分析，并为读者提供参考，探索建立节水应用与节水技术两端的连接。全书共分为两篇五章，由刘金梅、淡智慧统稿。池宸星编写了第一章、第四章、第五章；许冉编写了第二章、第三章；杜涛、罗静参与了第五章部分内容编写；张文雷、汝泽龙参与了有关资料收集。

　　本书的适用对象为：单位、楼宇内的职工，拟开展节水工作的单位、楼宇管理人员，节水领域科研技术人员，其他关心节水工作的社会公众。希望本书能为水资源保护、节水型社会建设助一份力。

目　录

下篇 机关节水方法与技术应用

上篇

水利职工节约用水行为规范解读

为深入贯彻落实节水优先方针，倡导节约每一滴水，发挥水利职工的模范表率作用，2020年水利部颁布实施《水利职工节约用水行为规范（试行）》（以下简称《行为规范》）。这是贯彻"节水优先"思路的具体实践，体现了水利行业作为节约用水的管理部门的责任担当、"刀刃向内"的革新精神和率先垂范的行业自律。

《行为规范》里梳理了水利职工在工作生活中的各种用水类型，从"知晓水情状况、了解节水政策""懂得节水知识、成为节水表率""宣传节水观念、劝阻浪费行为"三个方面，详细列举了14个环节的行为措施，明确指出了需要坚持和提倡的正确行为以及必须反对和制止的错误行为。《行为规范》为水利职工成为节约用水的实践者，提供了指导，对其他行业职工乃至社会公众，提高节约用水意识，纠正用水不规范行为甚至浪费水现象，也有参考和促进意义。

本篇按照《行为规范》的章节，介绍我国基本水情状况，梳理相关节水政策法规、重大节水行动，并以图文并茂的形式对节约用水行为规范展开了解读。

水利职工节约用水行为规范（试行）

为坚持和落实节水优先方针，倡导节约每一滴水，发挥水利职工模范表率作用，推动全社会形成节约用水良好风尚，制定本行为规范。

一、知晓水情状况，了解节水政策

知晓我国基本水情，关注当地水资源状况，知道单位家庭用水情况。树牢节约用水意识，了解节水政策法规，关注重大节水行动，知道用水价格和节水标准，践行节水优先方针。

二、懂得节水知识，成为节水表率

饮用水：要按需取水，不可多取浪费；外出自带水杯，少用公共水杯，减少清洗用水；收集利用暖瓶剩水和净水机尾水等。不要丢弃没喝完的瓶装水。

餐厨用水：要注重清洗次序，清洗餐具前先擦去油污，少占用餐具，减少洗涤用水；收集利用洗菜水和淘米水等；适量使用洗涤剂，减少清洗水量。不要用长流水解冻食材；用容器盛水清洗食材餐具，不要用长流水冲洗。

洗漱用水：洗漱间隙要随手关闭水龙头，控制洗漱水量和时间；适量使用洗手液，减少冲洗水量。

洗浴用水：洗浴间隙要关闭水龙头，控制洗浴水量和时间；洗澡宜用淋浴，收集利用浴前冷水；适量使用沐浴液，减少冲淋水量。

冲厕用水：要正确使用便器大小水按钮，冲厕优先使用回收水。不要将垃圾倒入便器后冲走。

洗衣用水：洗衣机清洗衣物宜集中；少量衣物宜用手洗；适量使用洗涤剂，减少漂洗水量；收集利用洗衣水。不要用长流水冲洗衣物。

保洁用水：要用容器盛水清洗抹布拖把；适量使用洗涤剂，减少清洗水量；保洁优先使用回收水；合理安排洗车次数。接水时避免水满溢出，不要用长流水冲洗拖把。

浇灌用水：要优先使用回收水浇灌。不要用漫灌方式浇灌绿地。

用水器具：要知道用水器具水效等级。不要选购非节水型用水器具。

三、宣传节水观念，劝阻浪费行为

宣传节水和洁水观念，倡导节约每一滴水。宣传节约用水知识，积极参加节水志愿活动。宣传人人参与节水，带动身边人节约用水。发现水龙头未关紧，及时关闭。发现跑冒滴漏，及时报修。发现浪费水行为，及时劝阻。

第一章　水情及节水政策

第一节　基本水情

我国是一个水资源严重紧缺的国家，全国淡水资源总量为 28670 亿 m^3（2019 年《国民经济和社会发展统计公报》），仅次于巴西、俄罗斯和加拿大，名列世界第四位，但人均水资源量只有 $2048m^3$ 左右（2019 年），仅为世界平均水平的 1/4，是全球人均水资源贫乏的国家之一。由于水资源时空分布不均，人均水资源量较低，供需矛盾突出，加之受经济结构、发展阶段和全球气候变化影响，严重制约着经济社会可持续发展。

一、资源型缺水

我国水资源总量不足且时空分布极不均衡，

全国大部分地区 7—9 月的降雨量约占全年降雨总量的 70％，其余 9 个月的降雨量仅为 30％。北方大部分地区存在资源型缺水问题。2013 年北京、天津、河北的人均水资源量分别仅相当于全国平均水平的 5.8％、4.9％、11.7％，2014 年的数值更低，在 2014 年 12 月南水北调工程中东线全面通水后，2018 年北京、天津、河北的人均水资源量仍分别仅相当于全国平均水平的 8.3％、5.7％、11.0％。水资源短缺成为中国北方地区经济社会发展的重要制约因素（表 1-1、图 1-1）。

表 1-1　　　部分地区典型年份人均
水资源量与全国平均
水平的百分比　　　％

典型年份	北京	天津	上海	河北	山东	宁夏
2003	6.0	4.9	4.3	10.6	25.2	10.0
2013	5.8	4.9	5.7	11.7	14.6	8.5
2014	4.8	3.8	9.7	7.2	7.6	7.7
2018	8.3	5.7	8.1	11.0	17.4	10.9

注　数据计算依据为国家统计局《中国统计年鉴 2004》《中国统计年鉴 2014》《中国统计年鉴 2015》《中国统计年鉴 2019》。

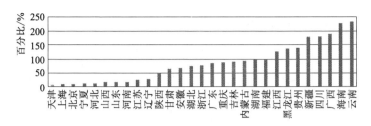

图 1-1 2018 年各地区人均水资源量与

全国平均水平的百分比

（注：数据计算依据为国家统计局《中国统计年鉴 2019》）

受全球性气候变化和人类活动等因素的影响，中国北方部分地区水资源开发利用程度已接近或超过水资源、水环境承载能力，需要靠大量挤占生态环境用水维持经济社会发展用水需求；资源相对丰沛的南方地区也出现了区域性甚至流域性缺水的现象。在缺水的同时，用水浪费、效率低的状况还十分普遍。

2019 年我国万元国内生产总值用水量为 67m³，万元工业增加值用水量为 42m³，（2019 年《国民经济和社会发展统计公报》）远高于发达国家水平。农业灌溉水有效利用系数为 0.559（2019 年《中国水资源公报》），与世界先进水平 0.7～0.8 相比有较大差距。

二、水质型缺水

2019 年，全国地表水监测的 1931 个水质断面

（点位）中，Ⅰ～Ⅲ类水质断面（点位）占 74.9%；劣Ⅴ类占 3.4%。

（1）长江流域监测的 509 个水质断面中，Ⅰ～Ⅲ类水质断面占 91.7%，劣Ⅴ类占 0.6%，干流和主要支流水质均为优。

（2）黄河流域轻度污染，监测的 137 个水质断面中，Ⅰ～Ⅲ类水质断面占 73.0%，劣Ⅴ类占 8.8%，干流水质为优，主要支流为轻度污染。

（3）珠江流域水质良好，监测的 165 个水质断面中，Ⅰ～Ⅲ类水质断面占 86.1%，劣Ⅴ类占 3.0%，海南岛内河流水质为优，干流和主要支流水质良好。

（4）松花江流域轻度污染，监测的 107 个水质断面中，Ⅰ～Ⅲ类水质断面占 66.4%，劣Ⅴ类占 2.8%，干流、图们江水系和绥芬河水质良好，主要支流、黑龙江水系和乌苏里江水系为轻度污染。

（5）淮河流域轻度污染，监测的 179 个水质断面中，Ⅰ～Ⅲ类水质断面占 63.7%，劣Ⅴ类占 0.6%，干流水质为优，沂沭泗水系水质良好，主要支流和山东半岛独流入海河流为轻度污染。

（6）海河流域轻度污染，监测的 160 个水质断面中，Ⅰ～Ⅲ类水质断面占 51.9％，劣Ⅴ类占 7.5％，比 2018 年下降 12.5 个百分点，干流 2 个断面，三岔口为Ⅱ类水质，海河大闸为Ⅴ类水质；滦河水系水质为优，主要支流、徒骇马颊河水系和冀东沿海诸河水系为轻度污染。

（7）辽河流域轻度污染，监测的 103 个水质断面中，Ⅰ～Ⅲ类水质断面占 56.3％，劣Ⅴ类占 8.7％，鸭绿江水系水质为优，干流、大辽河水系和大凌河水系为轻度污染，主要支流为中度污染。

2019 年开展水质监测的 110 个重要湖泊（水库）中，Ⅰ～Ⅲ类湖泊（水库）占 69.1％，劣Ⅴ类占 7.3％。开展营养状态监测的 107 个重要湖泊（水库）中，贫营养状态湖泊（水库）占 9.3％，中营养状态占 62.6％，轻度富营养状态占 22.4％，中度富营养状态 5.6％。2019 年，全国 10168 个国家级地下水水质监测点中，Ⅰ～Ⅲ类水质监测点占 14.4％，Ⅳ类占 66.9％，Ⅴ类占 18.8％。全国 2830 处浅层地下水水质监测井中，Ⅰ～Ⅲ类水质监测井占 23.7％，Ⅳ类占 30.0％，Ⅴ类占 46.2％。（2019 年《中国生态环境状况公报》）

2017 年，全国废水排放总量 699 亿 t（国家统计局《中国统计年鉴 2019》）。从各省会城市看，超过 1/3 省会城市的城镇生活污水量为其工业废水量的 10 倍，绝大多数省会城市的城镇生活污水量为其工业废水量的 5 倍以上（数据计算依据为国家统计局《中国统计年鉴 2019》）（图 1-2）。

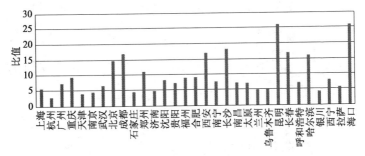

图 1-2 2019 年部分省会城市的城镇
生活污水量与工业废水量比值
（注：按工业废水量从高到低排列）

三、工程型缺水

我国目前仍有近 2 万座水库存在不同程度的病险问题。农田水利设施仍很不完善，已建工程中大部分已老化，部分地区正常供水受到影响。2018 年，全国耕地灌溉面积 6827.2 万 hm²，节水灌溉面积 3613.5 万 hm²（国家统计局《中国统计年鉴 2019》），全国一半以上的耕地缺少节水灌排条件。40%的大型骨干灌区、50%～60%的中小型灌区存在不配套和老化失修问题，大型灌排泵站设备完好率不足 60%，农田灌溉"最后一公里"问题突出，严重影响农业稳定发展和国家粮食安全。高效节水灌溉率仅约 25%。全国地下水年超采量达 170 亿 m^3，约 60%的城市缺少应急备用水源。

2010 年，云南水资源总量 1941.4 亿 m^3，人均水资源量 4233.1 m^3/人，接近全国平均水平的两倍。2010 年，贵州水资源总量 956.5 亿 m^3，人均水资源量 2726.8 m^3/人，接近全国平均水平。2010 年的西南旱情，显露了工程设施的不足，不缺水却留不住水，水资源利用能力不强。

随着水利工程建设的不断完善，缺水性质将向资源型缺水和水质型缺水为主转变，城市缺水有从地区性问题演化为全国性问题的趋势，一些城市由于缺水严重影响了城市生活秩序，城市发展面临挑战。因此，十九大报告中提出实施国家节水行动，把节水放在更加突出的位置，大力推行节约用水措施，发展节水型工业、农业和服务业，全面建设节水型社会。

第二节 主要节水政策

一、机关节水相关政策法规

（1）《中华人民共和国水法》。

《中华人民共和国水法》（2016 修订版）（以下简称《水法》）是为了合理开发、利用、节约和保护水资源，防治水害，实现水资源的可持续利用，适应国民经济和社会发展的需要而制定的法规。1988 年颁布，2002 年、2009 年、2016 年三次修订。《水法》修订版的颁布实施，标志着我国从传统水利向现代水利和可持续发展水利转变，全面进入建设节水型社会。《水法》明确规定了：国家厉行节约用水，大力推行节约用水措施，推广节约用水新技术、新工艺，发展节水型工业、农业和服务业，建立节水型社会。各级人民政府应当采取措施，加强对节约用水的管理，建立节约用水技术开发推广体系，培育和发展节约用水产业。单位和个人有节约用水的义务。国家鼓励和支持开发、利用、节约、保护、管理水资源和防治水害的先进科学技术的研究、推广和应用。在开发、利用、节约、保护、管理水资源和防治水害等方面成绩显著的单位和个人，由人民政府给予奖励。国家对水资源依法实行取水许可制度和有偿使用制度。国家对用水实行总量控制和定额管理相结合的制度。城市人民政府应当因地制宜采取有效措施，推广节水型生活用水器具，降低城市供水管网漏失率，提高生活用水效率；加强城市污水集中处理，鼓励使用再生水，提高污水再生利用率。

（2）《中共中央　国务院关于加快水利改革发展的决定》。

《中共中央　国务院关于加快水利改革发展的决定》（2010 年）明确提出建立用水总量控制制度。确立水资源开发利用控制红线，抓紧制定主要江河水量分配方案，建立取用水总量控制指标体系。加强相关规划和项目建设布局水资源论证工作，国民经济和社会发展规划以及城市总体规划的编制、重大建设项目的布局，要与当地水资源条件和防洪要求相适应。严格执行建设项目水资源论证制度，对擅自开工建设或投产的一律责令停止。严格取水许可审批管理，对取用水总量已达到或超过控制指标的地区，暂停审批建设项目新增取水；对取用水总量接近控制指标的地区，限制审批新增取水。严格地下水管理和保护，尽快核定并公布禁采和限采范围，逐步削减地下水超采量，实现采补平衡。强化水资源统一调度，协调好生活、生产、生态环境用水，完善水资源调度方案、应急调度预案和调度计划。建立和完善国家水权制度，充分运用市场机制优化配置水资源。

提出建立用水效率控制制度。确立用水效率控制红线，坚决遏制用水浪费，把节水工作贯穿于经济社会发展和群众生产生活全过程。加快制定区域、行业和用水产品的用水效率指标体系，加强用水定额和计划管理。对取用水达到一定规模的用水户实行重点监控。严格限制水资源不足地区建设高耗水型工业项目。落实建设项目节水设施与主体工程同时设计、同时施工、同时投产制度。加快实施节水技术改造，全面加强企业节水管理，建设节水示范工程，普及农业高效节水技术。抓紧制定节水强制性标准，尽快淘汰不符合节水标准的用水工艺、设备和产品。

（3）《国务院关于实行最严格水资源管理制度的意见》。

《国务院关于实行最严格水资源管理制度的意见》（2012 年）指出，水是生命之源、生产之要、生态之基，人多水少、水资源时空分布不均是我国的基本国情和水情。当前我国水资源面临的形势十分严峻，水资源短缺、水污染严重、水生态环境恶化等问题日益突出，已成为制约经济社会可持续发展的主要瓶颈。各级人民政府要切实履行推进节水型社会建设的责任，把节约用水贯穿于经济社会发展和群众生活生产全过程，建立健全有利于节约用水的体制和机制。加快推进节水技术改造。制定节水强制性标准，逐步实行用水产品用水效率标识管理，禁止生产和销售不符合节水强制性标准的产品。加大城市生活节水工作力度，开展节水示范工作，逐步淘汰公共建筑中不符合节水标准的用水设备及产品，大力推广使用生活节水器具，着力降低供水管网漏损率。鼓励并积极发展污水处理回用、雨水和微咸水开发利用、海水淡化和直接利用等非常规水源开发利用。加快城市污水处理回用管网建设，逐步提高城市污水处理回用比例。非常规水源开发利用纳入水资源统一配置。

（4）《国务院办公厅关于推进海绵城市建设的指导意见》。

《国务院办公厅关于推进海绵城市建设的指导意见》（2015年）要求通过海绵城市建设，综合采取

"渗、滞、蓄、净、用、排"等措施，最大限度地减少城市开发建设对生态环境的影响，将 70% 的降雨就地消纳和利用。到 2020 年，城市建成区 20% 以上的面积达到目标要求；到 2030 年，城市建成区 80% 以上的面积达到目标要求。推广海绵型建筑与小区，因地制宜采取屋顶绿化、雨水调蓄与收集利用、微地形等措施，提高建筑与小区的雨水积存和蓄滞能力。推进海绵型道路与广场建设，改变雨水快排、直排的传统做法，增强道路绿化带对雨水的消纳功能，在非机动车道、人行道、停车场、广场等扩大使用透水铺装，推行道路与广场雨水的收集、净化和利用，减轻对市政排水系统的压力。推广海绵型公园和绿地，通过建设雨水花园、下凹式绿地、人工湿地等措施，增强公园和绿地系统的城市海绵体功能，消纳自身雨水，并为蓄滞周边区域雨水提供空间。

(5)《国务院关于印发水污染防治行动计划的通知》。

《国务院关于印发水污染防治行动计划的通知》(2015 年)(简称"水十条")，发布《水污染防治行动计划》，全面推进城镇节水工作，中华人民共和国住房和城乡建设部(以下简称住房城乡建设部)会同国家发展和改革委员会(以下简称国家发展改革委)

印发了《城镇节水工作指南》(以下简称《指南》),要求各地推进节水型城市建设,对照"水十条"确定的目标要求,参照《指南》,制定节水工作计划,明确尚未达到国家节水型城市标准城市的完成期限和责任人,加快推进。同时,加快城镇节水改造,制定城镇节水改造实施方案,尽快梳理节流工程、开源工程、循环循序利用工程等建设任务,建立项目储备库。

(6)《中共中央关于制定国民经济和社会发展第十三个五年规划的建议》。

《中共中央关于制定国民经济和社会发展第十三个五年规划的建议》(2015年)提出:生产方式和生活方式绿色、低碳水平上升。能源资源开发利用效率大幅提高,能源和水资源消耗、建设用地、碳排放总量得到有效控制,主要污染物排放总量大幅减少。

(7)《国民经济和社会发展第十三个五年规划纲要》。

《国民经济和社会发展第十三个五年规划纲要》(2016年),提出推进资源节约集约利用。全面推进节水型社会建设。落实最严格的水资源管理制度,实施全民节水行动计划。坚持以水定产、以水定城,对水资源短缺地区实行更严格的产业准入、取用水定额

15

控制。加快农业、工业、城镇节水改造，扎实推进农业综合水价改革，开展节水综合改造示范。加强重点用水单位监管，鼓励一水多用、优水优用、分质利用。建立水效标识制度，推广节水技术和产品。加快非常规水资源利用，实施雨洪资源利用、再生水利用等工程。用水总量控制在 6700 亿 m^3 以内。

实施能源和水资源消耗、建设用地等总量和强度双控行动，强化目标责任，完善市场调节、标准控制和考核监管。建立健全用能权、用水权、碳排放权初始分配制度，创新有偿使用、预算管理、投融资机制，培育和发展交易市场。健全节能、节水、节地、节材、节矿标准体系，提高建筑节能标准，实现重点行业、设备节能标准全覆盖。强化节能评估审查和节能监察。建立健全中央对地方节能环保考核和奖励机制，进一步扩大节能减排财政政策综合示范。建立统一规范的国有自然资源资产出让平台。组织实施能效、水效领跑者引领行动。

（8）《国务院关于深入推进新型城镇化建设的若干意见》。

《国务院关于深入推进新型城镇化建设的若干意见》（2016 年）提出：推进海绵城市建设。在城市新区、各类园区、成片开发区全面推进海绵城市建设。在老城区结合棚户区、危房改造和老旧小区有机更新，妥善解决城市防洪安全、雨水收集利用、黑臭水体治理等问题。加强海绵型建筑与小区、海绵型道路与广场、海绵型公园与绿地、绿色蓄排与净化利用设施等建设。加强自然水系保护与生态修复，切实保护良好水体和饮用水源。推广节水新技术和新工艺，积极推进中水回用，全面建设节水型城市。

（9）《中共中央　国务院关于完善促进消费体制机制　进一步激发居民消费潜力的若干意见》。

《中共中央　国务院关于完善促进消费体制机制　进一步激发居民消费潜力的若干意见》（2018年）提出：建立绿色产品多元化供给体系，丰富节能节水产品、资源再生产品、环境保护产品、绿色建材、新能源汽车等绿色消费品生产。鼓励创建绿色商场、绿色饭店、绿色电商等流通主体，开辟绿色产品销售专区。全面落实生产者责任延伸制度。鼓励有条件的地方探索开展绿色产品消费积分制度。推进绿色交通体系和绿色邮政发展，规范发展汽车、家电、电子产品回收利用行业。全面推进公共机构带头绿色消费，加强绿色消费宣传教育。完善绿色产品标准体系，创新领跑者指标和相关技术标准的衔接机制，加大绿色产品标识认证制度实施和采信力度。

（10）《取水许可和水资源费征收管理条例》。

《取水许可和水资源费征收管理条例》（2017年修订）对取水的适用对象、申请、受理、审查以及水资源费的征收、使用管理和监督管理给出明确规定。

（11）《水资源税改革试点暂行办法》。

2016年，财政部、国家税务总局、水利部关于印发《水资源税改革试点暂行办法》，财政部、国家税务总局印发《全面推进资源税改革的通知》，启动资源清费立税工作，在河北省开展水资源税试点。采取水资源费改税方式，将地表水和地下水纳入征税范围，实行从量定额计征，对高耗水行业、超计划用水以及在地下水超采地区取用地下水，适当提高税额标准，正常生产生活用水维持原有负担水平不变。在总结试点经验基础上，财政部、国家税务总局将选择其他地区逐步扩大试点范围，条件成熟后在全国推开。

（12）《扩大水资源税改革试点实施办法》。

2017年，财政部、国家税务总局、水利部印发《扩大水资源税改革试点实施办法》，费改税扩大到北京市、天津市、山西省、内蒙古自治区、河南省、山东省、四川省、陕西省、宁夏回族自治区的水资源税征收管理。

（13）《中华人民共和国企业所得税法》。

《中华人民共和国企业所得税法》（2018 年修正）第二十七条规定：企业从事符合条件的环境保护、节能节水项目的所得，可以免征、减征企业所得税。第三十四条规定：企业购置用于环境保护、节能节水、安全生产等专用设备的投资额，可以按一定比例实行税额抵免。享受税额抵免的设备名单参照《节能节水专用设备企业所得税优惠目录》。

（14）《中华人民共和国资源税法》。

《中华人民共和国资源税法》（2019 年）第十四条规定：国务院根据国民经济和社会发展需要，依照本法的原则，对取用地表水或者地下水的单位和个人试点征收水资源税。征收水资源税的，停止征收水资源费。水资源税根据当地水资源状况、取用水类型和经济发展等情况实行差别税率。水资源税试点实施办法由国务院规定，报全国人民代表大会常务委员备案。国务院自本法施行之日起五年内，就征收水资源税试点情况向全国人民代表大会常务委员会报告，并及时提出修改法律的建议。

二、重大节水规划、行动

（1）《水污染防治行动计划》。

《水污染防治行动计划》（2015年）要求：全面贯彻党的十八大和十八届二中、三中、四中全会精神，大力推进生态文明建设，以改善水环境质量为核心，按照"节水优先、空间均衡、系统治理、两手发力"的治水思路，贯彻"安全、清洁、健康"方针，强化源头控制，水陆统筹、河海兼顾，对江河湖海实施分流域、分区域、分阶段科学治理，系统推进水污染防治、水生态保护和水资源管理。坚持政府市场协同，注重改革创新；坚持全面依法推进，实行最严格环保制度；坚持落实各方责任，严格考核问责；坚持全民参与，推动节水洁水人人有责，形成"政府统领、企业施治、市场驱动、公众参与"的水污染防治新机制，实现环境效益、经济效益与社会效益多赢，为建设"蓝天常在、青山常在、绿水常在"的美丽中国而奋斗。

着力节约保护水资源，实施最严格水资源管理，严控地下水超采，提高用水效率，抓好工业节水，加强城镇节水，禁止生产、销售不符合节水标准的产品、设备；公共建筑必须采用节水器具，限期淘汰公共建筑中不符合节水标准的水嘴、便器水箱等生活用水器具；鼓励居民家庭选用节水器具；对使用超过50年和材质落后的供水管网进行更新改造，到2017年，全国公共供水管网漏损率控制在12％以内，到2020年，控制在10％以内。积极推行低影响开发建设模式，建设滞、渗、蓄、用、排相结合的雨水收集利用设施。新建城区硬化地面，可渗透面积要达到40％以上。到2020年，地级及以上缺水城市全部达到国家节水型城市标准要求，京津冀、长三角、珠三角等区域提前一年完成。

推广示范适用技术。加快技术成果推广应用，重点推广饮用水净化、节水、水污染治理及循环利用、城市雨水收集利用、再生水安全回用、水生态修复、畜禽养殖污染防治等适用技术；完善环保技术评价体系，加强国家环保科技成果共享平台建设，推动技术成果共享与转化；依法落实环境保护、节能节水、资源综合利用等方面税收优惠政策。建立激励机制；健全节水环保"领跑者"制度；鼓励节能减排先进企业、工业集聚区用水效率、排污强度等达到更高标准，支持开展清洁生产、节约用水和污染治理等示范。

（2）《全民节水行动计划》。

《国民经济和社会发展第十三个五年规划纲要》（2016 年）提出要实施全民节水行动计划，在农业、工业、服务业等各领域，城镇、乡村、社区、家庭等各层面，生产、生活、消费等各环节，通过加强顶层设计，创新体制机制，凝聚社会共识，动员全社会深入、持久、自觉的行动，以高效的水资源利用支撑经济社会可持续发展。包括：农业节水增产行动、工业节水增效行动、城镇节水降损行动、缺水地区节水率先行动、产业园区节水减污行动、节水产品推广普及行动、节水产业培育行动、公共机构节水行动、节水监管提升行动以及、全民节水宣传行动。其中公共机构节水行动是：①积极开展公共机构节水改造。完善用水计量器具配备，推进用水分户分项计量，在高等院校、公立医院推广用水计量收费。推广应用节水新技术、新工艺和新产品，鼓励采用合同节水管理模式实施节水改造，提高节水器具使用率，强制或优先采购列入政府采购清单的节水产品；②加强公共机构节水管理。完善公共机构节水管理规章制度，严格用水设施设备日常管理，杜绝跑冒滴漏。开展节水培训，提高公共机构干部职工及用水管理人员的节水意识和能力。建立完善考核奖励体系。加强示范引领作用，组织开展节水型单位和节水标杆单位建设。

(3)《全国城市市政基础设施建设"十三五"规划》。

《全国城市市政基础设施建设"十三五"规划》(2017 年) 提出：实施城市节水综合改造，推进城市再生水、雨水、海水淡化水等非常规水源的利用，全面建设节水型城市。

(4)《国家节水行动方案》。

《国家节水行动方案》(2019 年) 提出：强化科技支撑，推广先进适用节水技术与工艺，加快成果转化，推进节水技术装备产品研发及产业化，大力培育节水产业。到 2020 年，节水政策法规、市场机制、标准体系趋于完善，技术支撑能力不断增强，管理机制逐步健全，节水效果初步显现。万元国内生产总值用水量、万元工业增加值用水量较 2015 年分别降低 23% 和 20%，规模以上工业用水重复利用率达到 91% 以上，农田灌溉水有效利用系数提高到 0.55 以上，全国公共供水管网漏损率控制在 10% 以内。到 2022 年，节水型生产和生活方式初步建立，节水产业初具规模，非常规水利用占比进一步增大，用水效率和效益显著提高，全社会节水意识明显增强。万元国内生产总值用水量、万元工业增加值用水量较2015年分别降低30％和28％，农田灌溉水有效利用系数提高到0.56以上，全国用水总量控制在6700亿 m³ 以内。到2035年，形成健全的节水政策法规体系和标准体系、完善的市场调节机制、先进的技术支撑体系，节水护水惜水成为全社会自觉行动，全国用水总量控制在7000亿 m³ 以内，水资源节约和循环利用达到世界先进水平，形成水资源利用与发展规模、产业结构和空间布局等协调发展的现代化新格局。

深入开展公共领域节水。缺水城市园林绿化宜选用适合本地区的节水耐旱型植被，采用喷灌、微灌等节水灌溉方式。公共机构要开展供水管网、绿化浇灌系统等节水诊断，推广应用节水新技术、新工艺和新产品，提高节水器具使用率。大力推广绿色建筑，新建公共建筑必须安装节水器具。推动城镇居民家庭节水，普及推广节水型用水器具。到2022年，中央国家机关及其所属在京公共机构、省直机关及50％以上的省属事业单位建成节水型单位，建成一批具有典型示范意义的节水型高校。

第三节　机关节水相关规范

机关节水相关标准见表1-2。

表1-2　　机关节水相关标准一览表

序号	标 准 名 称	标 准 编 号
	国 家 标 准	
1	公共机构节水管理规范	GB/T 37813—2019
2	绿色建筑评价标准	GB/T 50378—2019
3	洗碗机能效水效限定值及等级	GB 38383—2019
4	节水型企业评价导则	GB/T 7119—2018
5	建筑中水设计标准	GB 50336—2018
6	建筑节水产品术语	GB/T 35577—2017
7	项目节水评估技术导则	GB/T 34147—2017
8	项目节水量计算导则	GB/T 34148—2017
9	合同节水管理技术通则	GB/T 34149—2017
10	城镇污水再生利用工程设计规范	GB 50335—2016
11	建筑与小区雨水控制及利用工程技术规范	GB 50400—2016
12	节水型卫生洁具	GB/T 31436—2015

序号	标　准　名　称	标　准　编　号
	国　家　标　准	
13	城市节水评价标准	GB/T 51083—2015
14	洗浴场所节水技术规范	GB/T 30682—2014
15	洗车场所节水技术规范	GB/T 30681—2014
16	循环冷却水节水技术规范	GB/T 31329—2014
17	节水灌溉项目后评价规范	GB/T 30949—2014
18	公共机构能源资源管理绩效评价导则	GB/T 30260—2013
19	电动洗衣机能效水效限定值及等级	GB 12021.4—2013
20	节水型社会评价指标体系和评价方法	GB/T 28284—2012
21	节水型产品通用技术条件	GB/T 18870—2011
22	节水型社区评价导则	GB/T 26928—2011
23	服务业节水型单位评价导则	GB/T 26922—2011
24	企业用水统计通则	GB/T 26719—2011
25	节水灌溉设备　词汇	GB/T 24670—2009
26	节水灌溉设备现场验收规程	GB/T 21031—2007
27	用水单位水计量器具配备和管理通则	GB 24789 征求意见中
28	民用建筑节水设计标准	GB 50555 征求意见中
29	便器冲洗阀用水效率限定值及用水效率等级	GB 28379 征求意见中

续表

序号	标 准 名 称	标 准 编 号
行 业 标 准		
1	节水型生活用水器具	CJ/T 164
2	城镇供水水量计量仪表的配备和管理通则	CJ/T 3019
3	居民饮用水计量仪表安全规则	CJ 3064
4	城镇供水管网漏损控制及评定标准	CJJ 92
5	家用和类似用途节水型洗碗机技术要求及试验方法	QB/T 5428—2019
团 体 标 准		
1	节水型高校评价标准	T/CHES 32—2019 T/JYHQ 0004—2019
2	高校合同节水项目实施导则	T/CHES 33—2019 T/JYHQ 0005—2019
3	家用和类似用途节水型反渗透净水器	T/CAQI 48—2018
4	家用和类似用途节水型纳滤净水器	T/CAQI 49—2018
5	家用和类似用途节水型反渗透滤芯	T/CAQI 50—2018
6	家用和类似用途节水型纳滤滤芯	T/CAQI 51—2018

序号	标 准 名 称	标 准 编 号
地 方 标 准		
1	节水型公共机构评价标准	DB 64/T 1533—2017
2	节水器具应用技术标准	DB 11/T 343—2018
3	公共机构节水规范	DB 51/T 2620—2019

注 表中"GB"为强制性国家标准，GB/T 为推荐性国家标准。

各省（自治区、直辖市）行业取水定额地方标准见表 1-3。

表 1-3 各省（自治区、直辖市）行业取水定额地方标准一览表（截至 2018 年 5 月）

序号	省（自治区、直辖市）	文 件 名 称	标 准 编 号
1	北京	公共生活取水定额	DB 11/T 554
		高尔夫球场取水定额	DB 11/T 1224—2015
		滑雪场取水定额	DB 11/T 1225—2015
		北京市主要行业用水定额	
2	河北	用水定额	DB 13/T 1161—2016

序号	省（自治区、直辖市）	文 件 名 称	标 准 编 号
3	天津	工业产品取水定额	DB 12/T 697—2016
		农业灌溉综合取水定额	DB 12/T 698—2016
		城市生活取水定额	DB 12/T 699—2016
4	内蒙古	行业用水定额	DB 15/T 385—2015
5	山西	山西省用水定额	DB 14/T 1049—2015
6	辽宁	行业用水定额	DB 21/T 1237—2015
7	吉林	用水定额	DB 22/T 389—2014
8	黑龙江	用水定额	DB 23/T 727—2017
		用水行业分类	DB 23/T 728—2017
9	上海	主要工业产品用水定额及其计算方法	DB 31/T 478
		商业办公楼宇用水定额及其计算方法	DB 31/T 567—2011
10	江苏	江苏省工业用水定额	文件形式
		江苏省服务业和生活用水定额	文件形式
		江苏省灌溉用水定额	文件形式
11	安徽	安徽省行业用水定额	DB 34/T 679—2014
12	浙江	浙江省用（取）水定额	文件形式
13	福建	行业用水定额	DB 35/T 772—2013

续表

序号	省（自治区、直辖市）	文 件 名 称	标 准 编 号
14	江西	江西省农业用水定额	DB 36/T 619—2017
		江西省工业企业主要产品用水定额	DB 36/T 420—2017
		江西省生活用水定额	DB 36/T 419—2017
15	山东	山东省重点工业产品取水定额	DB 37/T 1639
		山东省主要农作物灌溉定额	DB 37/T 1640
		山东省城市生活用水量标准	DB 37/T 5105—2017
16	河南	工业与城镇生活用水定额	DB 41/T 385—2014
		农业用水定额	DB 41/T 958—2014
17	湖北	湖北省工业与生活用水定额（修订）	文件形式
18	湖南	用水定额	DB 43/T 388—2014
19	广东	广东省用水定额	DB 44/T 1461—2014
20	广西	农林牧渔业及农村居民生活用水定额	DB 45/T 804—2012
		工业行业主要产品用水定额	DB 45/T 678—2017
		城镇生活用水定额	DB 45/T 679—2017

续表

序号	省（自治区、直辖市）	文 件 名 称	标 准 编 号
21	海南	海南省用水定额	DB 46/T 449—2017
22	四川	用水定额	DB 51/T 2138—2016
23	西藏	西藏自治区用水定额	文件形式
24	贵州	贵州省行业用水定额第一部分农业灌溉用水定额分册	DB 52/T 725—1—2018
25	云南	用水定额	DB 53/T 168—2013
26	陕西	用水定额	DB 61/T 943—2014
27	甘肃	甘肃省行业用水定额（2017版）	文件形式
28	青海	用水定额	DB 63/T 1429—2015
29	宁夏	宁夏城镇生活用水定额	文件形式
		宁夏工业主要产品取水定额	文件形式
		宁夏农业灌溉用水定额	文件形式
30	新疆	农业灌溉用水定额	DB 65/3611—2014
		新疆维吾尔自治区工业和生活用水定额	文件形式

序号	省（自治区、直辖市）	文 件 名 称	标 准 编 号
31	重庆	重庆市第一批工业产品用水定额（2011年修订版）	文件形式
		重庆市第二批工业产品用水定额2015年第一阶段调整目录2015年第二阶段调整目录	文件形式
		重庆市城市生活用水定额（2017年修订版）	文件形式
		重庆市灌溉用水定额（2017年修订版）	文件形式

水利部文件形式发布的节水规范见表1－4。

表1－4　　　水利部文件形式发布的节水规范

序号	文 件 名 称	发布日期
1	水利部关于开展水利行业节水机关建设工作的通知（水利行业节水机关建设标准）	2019
2	水利部关于印发钢铁等十八项工业用水定额的通知	2019
3	水利部关于印发宾馆等三项服务业用水定额的通知（服务业用水定额：宾馆、学校、机关）	2019
4	水利部关于印发小麦等十项用水定额的通知	2020

第二章　生活节水知识

第一节　日常生活节水知识

日常生活饮用水应当做到：要按需取水，不可多取浪费；外出自带水杯，少用公共水杯，减少清洗用水；收集利用暖瓶剩水和净水机尾水等。不要丢弃没喝完的瓶装水。

根据《中国居民膳食指南（2016 版）》推荐的水适宜摄入量，成年人一般情况下一天正常饮水总量应为 1500～1700mL。建议一天多次少量饮水，每次 200mL 左右，日常使用不超过 300mL 容量的水杯，每次按需取水，不浪费。组织活动或会议时，可提醒参加者或与会者自行携带水杯。

外出时，建议携带保温杯、随行杯、运动水壶等饮水用具，避免使用一次性水杯和公共水杯。一次性塑料水杯（多为 PP 材质）或纸杯（内里覆盖 PE 膜）

不仅在生产过程中消耗大量生产用水，而且也会对环境造成污染。使用公共水杯，也会增加清洁用水和洗涤剂的使用。

保温壶或者暖水壶能够随时提供热水，方便实用。在空气湿度较大、温度较高的环境中，由于细菌繁殖较快，隔夜水可能会细菌超标，饮用后容易引起腹泻。在水质较硬的地区，壶底的剩水中常常会有较多的水垢。因此，保温壶或者暖水壶的隔夜水和瓶底剩水不适合饮用，但如果直接倒掉，就造成了浪费。家庭的厨房或者公共饮水间应设置废水收集桶，把不适合饮用但洁净的水收集起来，用于冲厕所、拖地、涮洗抹布等洗涤用途。

伴随人民生活水平的提高，越来越多的人注重饮用水安全。由于供水管材、二次供水设施、配水方式、室内温度等因素的影响，家庭终端出水的自来水水质并不稳定。越来越多的家庭选购家用净水机，其中反渗透净水机因出水品质高，市场销售量份额较高。

反渗透净水机（图2-1）以反渗透膜为主要净化元件，通过多级过滤，达到净化目的，在生产纯净水的同时产生高浓度的非饮用水，即尾水❶。

实验数据显示，五级反渗透净水机的平均产水率43.95%，六级的反渗透净水机的平均产水率69.10%。也就是说，每净化1杯纯净水，平均要产出0.44～1.27

图 2-1　某品牌反渗透净水机

杯的尾水。与自来水相比，尾水只有含盐量和有机物比自来水略高，其他水质指标甚至优于自来水，可以用于拖地、冲厕所等洗涤用途。因此，家庭、单位、企业在选购、安装反渗透净水机时，要注意对净水机尾水的利用。

瓶装饮用水给我们的生活带来了方便，尤其是在户外运动、旅行度假、集体活动时，随处可以见到瓶装水的身影。与此同时，垃圾桶里、汽车里、会议桌

❶　http：//www.waterlabel.org.cn/sxbs/bzdt/display.htm? contentId = 36040da1789746eaa823f646985687ac.

上也常常可以看到被丢弃的还没有喝完的瓶装水。

　　2017年，杭州市拱墅区长阳小学的孩子们曾完成一项名为《矿泉水容量选择研究》的实地调查❶（图2-2）。他们发现在90分钟的家长会结束后，192位参会家长在教室内留下了91瓶未喝完的水。经过测量，这些被浪费的水，竟然多达16200mL。以此类推，10场会议将浪费16万mL水。假设一个成年人每天的饮水量为1500mL，那么10场会议浪费的水，可供一个人喝106天。孩子们也来到街头调查大家对于没有喝完的瓶装水会怎么处理。调查结果令人担忧：仅有28.5％的人会喝完一瓶水，16.3％的人会选择再利用，而有51.5％的人将没有喝完的瓶装水直接扔掉。

　　根据公开数据，以我国瓶装饮用水市场占有率第一的农夫山泉企业为例，2019年农夫山泉包装饮用水收入143.36亿元，以产品均价3元计算，销售量约为47.82亿瓶。假设每瓶水有200mL的剩余，那么就大概有956.4万 m^3 的饮用水被浪费掉。2019年我国城镇居民每天人均生活用水225L，这些被浪费

---

　　❶　http://hangzhou.zjol.com.cn/system/2017/12/27/021638687.shtml.

图 2-2　长阳小学学生在杭州拱墅区"运河公民节"发言

掉的饮用水可供 425 万人用一天。

应做到尽量自带水杯、水壶，或根据实际需要购买合适规格的瓶装水，喝不完的瓶装水要及时带走，尽量喝完，确实喝不完的瓶装水可以二次利用，不要随意丢弃。会议或活动主办方在免费提供瓶装水时，应根据季节和会议时长提供合适规格的瓶装水，或者实行"实名制"以避免没喝完的瓶装水因弄混而被丢弃掉。

一、餐厨用水的节约

日常生活中，餐厨用水应做到：注重清洗次序，清洗餐具前先擦去油污，少占用餐具，减少洗涤用水；收集利用洗菜水和淘米水等；适量使用洗涤剂，减少清洗水量。不要用长流水解冻食材；用容器盛水清洗食材餐具，不要用长流水冲洗。

餐厨污水由于含油量高、浊度高、水质易酸化等特点，容易酸败产生恶臭，影响附近水体及空气环境，污水处理成本高。在清洁餐厨用具时，应注重清洗顺序，首先将餐具内的食物残渣、油垢刮除掉，擦除油污，再使用洗涤剂清洗，既节约用水又保护环境。选择无磷环保、易冲洗的洗涤剂。依据《食品安全国家标准 洗涤剂》(GB 14930.1—2015)，食品用洗涤剂分为 A、B 两类。其中，A 类产品可以直接用于洗涤、清洗食品，原材料标准更高，表面活性剂、重金属、微生物等指标要求更严格；B 类产品则用于清洗餐饮具等其他接触食品的用具。选购食品、餐具洗涤剂时建议选择不含增稠剂的 A 类洗涤剂，容易冲洗、更加安全环保。使用时应按照说明正确使用，控制用量，一般建议将数滴洗涤剂加入洗碗盆中，搅拌起泡后，对食物、餐饮具进行浸洗，再用清水清洗干净，能够有效减少清洗用水量（图 2 - 3）。

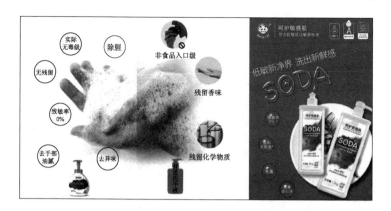

图 2-3 某品牌 A 类餐具洗涤剂

　　有条件的家庭也可以考虑选购洗碗机,与手洗相比,洗碗机更节水。中国消费者协会 2019 年发布的《洗碗机比较测试结果》显示,以洗涤三口之家正常一天的 6 套餐具量为例,包括 6 个米饭碗、6 个盘子等共 46 件餐具,使用可加热水的方式进行洗涤。对比两种洗涤方式,手洗平均耗水量为 23L,洗碗机平均耗水量则为 7L,手洗的耗水量远大于洗碗机❶。同时,具有干燥功能的洗碗机还可以有效避免清洗后的餐具被二次污染或滋生细菌(图 2-4)。

　　对于冻肉等需要解冻后才能烹饪的冷冻食材,建议采用静水解冻或者微波炉解冻,既能够保持食物原

---

❶　http://www.cca.org.cn/jmxf/bjsy/detail/28959.html.

图 2-4　某品牌洗碗机

有的风味也节约用水。文献研究显示，采用微波炉解冻或将冷冻食材放入保鲜袋内置于静水中，解冻既可以保持较好的口感也避免被水中细菌感染。使用参考世界卫生组织建议，清洗蔬菜水果应使用清水浸泡 5～10 分钟后再冲洗一遍即可。

二、洗漱、洗浴用水的节约

日常生活中，洗漱、洗浴用水应做到：洗漱、洗浴间隙要随手关闭水龙头，控制洗漱、洗浴水量和时间；洗澡宜用淋浴，收集利用浴前冷水；适量使用洗手液、沐浴液，减少冲洗水量。

洗脸刷牙间隙中要养成随手关闭水龙头的良好节水习惯，并注意控制洗漱、洗浴使用的水量和时间。尽量采用淋浴的洗浴方式，如果使用盆浴洗浴方式，不要随意倒掉用过的水，可以将其用于冲厕所。

家用燃气热水器使用时每次都需要放一段冷水才有热水可以使用，如果热水器到水龙头或者淋浴花洒的管道比较长，会需要放更多的冷水才能够用到热水，建议把这些洁净的冷水收集起来，用于拖地、洗衣等用途。有条件的家庭还可以加装热水循环泵或者购买"零冷水"燃气热水器，打开水龙头或者花洒之后无需等待立刻就有热水可供使用，既节约用水又提升了生活舒适度（图2-5）。

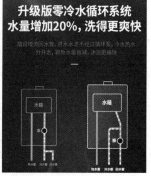

图2-5　某品牌零冷水燃气热水器产品介绍

适量使用洗手液、沐浴液，选择不含增稠剂、容易冲洗的产品。泡沫型产品更容易冲洗干净，可以将洗手液、沐浴液倒入起泡瓶中，或者直接购买泡沫洗手液、沐浴液（图2-6）。

图 2-6　某品牌泡沫类洗涤剂

三、冲厕用水的节约

日常生活中，冲厕用水应做到：要正确使用便器大小水按钮，冲厕优先使用回收水，不要将垃圾倒入便器后冲走。

在生活用水中，冲厕用水的比例超过 30%，有中水管道的建筑物和小区应当使用中水冲厕，具备条件的城市（如有效人口密度超过 3000 人/km² 且距海岸 30km 以内的沿海城市）可以推广海水冲厕，以香港为例，目前有超过八成人口使用海水冲厕，每年可以节约 3 亿 t 淡水资源。

建议选购具有 1 级或 2 级水效等级的双挡坐便器，并根据实际情况正确使用（图 2-7）。双挡坐便

器可以有 5 种不同的出
水量控制，出水量由小
至大依次为：轻按小按
钮、重按小按钮、轻按
大按钮、重按大按钮、
同时按下两个按钮。如
果使用单挡坐便器，也

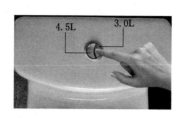

图 2-7　某品牌双挡
坐便器产品介绍

应根据实际情况选择轻按或重按。将垃圾正确分类进
行处理，不要把垃圾倒入便器后冲走，避免不必要的
冲厕。

四、洗衣用水的节约

　　日常生活中，洗衣用水应做到：洗衣机清洗衣物
宜集中；少量衣物宜用手洗；适量使用洗涤剂，减少
漂洗水量；收集利用洗衣水。不要用长流水冲洗
衣物。

　　市场销售的洗衣机洗涤容量为 3～10kg，选购时
应根据实际需求选购合适洗涤容量的洗衣机，尽量将
衣物集中清洗，一般占洗衣机容量的 2/3 比较合适。

　　浓缩型衣物洗涤剂的活性物浓度高，使用少量洗
涤剂就可以有效洁净衣物（图 2-8）。但要注意洗涤

43

剂浓度和黏稠度是不一样的，要避免选择黏稠的洗涤剂，这类洗涤剂多添加增稠剂，不易漂洗干净，容易在衣物上留下化学品残余。

图 2-8 某洗涤剂用量说明

因此，宜选择低泡易漂洗的浓缩型洗涤剂，并按照产品用量说明使用，避免不必要的多次漂洗，节约用水。洗衣时，收集比较清澈的漂洗水，可用于拖地、涮洗抹布墩布等，要使用洗衣盆或洗衣桶清洗衣物，不要用长流水冲洗衣物。

44

五、保洁用水的节约

日常生活中，保洁用水应做到：要用容器盛水清洗抹布拖把；适量使用洗涤剂，减少清洗水量；保洁优先使用回收水；合理安排洗车次数。接水时避免水满溢出，不要用长流水冲洗拖把。

在洗手间、茶水间等适当区域放置水桶、水盆等盛水器具，收集可以作为二次保洁用水的回收水（图2-9）。不使用长流水清洗抹布、拖把等清洁用具，而是

图2-9　某电商平台展示的
一款茶水桶

使用水盆、水桶等清进行清洗，接水时要关注水量，不要随意离开，避免水满溢出。按照洗涤剂产品说明用量使用，避免额外的用水。根据实际情况，合理安排洗车次数。洗车前关注天气情况，不在雨雪天气前洗车，避免浪费。

六、浇灌用水的节约

日常生活中，使用浇灌用水应做到：要优先使用回收水浇灌。不要用漫灌方式浇灌绿地。

园林绿化使我们生活的环境更美观、更舒适，但绿地浇灌、道路喷洒、景观用水等应优先使用雨水、再生水、净化后的海水等非常规水资源。要使用节水的浇灌方式，大型绿地草坪宜采用喷灌的方式，避免输水过程中因土壤渗漏和蒸发造成的损失。成片树林可采取滴灌或树木微灌的浇水方式，防止水的流失，从而达到节水目的。此外，绿化种植应选择本地区乡土植物和节水耐旱植物，从源头节水。乡土植物与本地环境融合良好，无论是抗病能力或是抗干旱能力都比较出色，养护成本低，能够实现有效节水。干旱少雨的北方地区，灌木类可选择丁香、金银木、紫穗槐，乔木类可选择如油松、樟子松、砂地柏、刺槐、国槐、皂角、法桐等。

第二节　节水用水器具选用知识

选购用水器具应做到：要知道用水器具水效等

级。不要选购非节水型用水器具。

2016年，《水效领跑者引领行动实施方案》正式实施，鼓励列入水效领跑者的用水产品、用水企业和灌区在宣传活动中使用水效领跑者标志。其中，用水产品水效领跑者的基本要求主要包括：水效指标达到国家标准1级以上且为同类产品的领先水平；产品质量性能优良，达到一定销售规模；企业具有完备的质量管理体系、健全的供应体系和良好的售后服务能力等。

2018年《水效标识管理办法》正式实施，目前市场上销售的坐便器都必须在水箱正面或底座正面粘贴水效标识标签（图2-10）。

图2-10 水效标识标签

一、如何选择节水坐便器

依据《坐便器水效限定值及水效等级》(GB 25502—2017)，我国坐便器水效等级分为3个等级，等级 1 表示水效最高，等级 3 是市场准入指标，低于该等级要求的产品不允许生产和销售（表 2 - 1）。此外，坐便器按冲水原理分类分为冲落式、普通虹吸式、喷射虹吸式以及漩涡虹吸式，其中喷射虹吸式坐便器排污功能优良，也更加节约用水量。在选购节水坐便器应优先选择 1 级或 2 级喷射虹吸式坐便器，并重点考虑具有"水效领跑者"标识的产品。

表 2 - 1　　　　　坐便器水效等级指标　　　　单位：L

坐便器水效等级		1 级	2 级	3 级
单冲坐便器	平均用水量	≤4.0	≤5.0	≤6.0
双冲坐便器	半冲平均用水量	≤3.5	≤4.2	≤5.6
	全冲平均用水量	≤5.0	≤6.0	≤8.0
	平均用水量	≤4.0	≤5.0	≤6.4

二、如何选择反渗透净水机

目前家用厨房净水机中，反渗透净水机销量最高，反渗透膜能够去除水中的有机物、无机盐、重金属、颗粒物、胶体粒子、细菌和病毒等，获得无杂质的纯净水，水质高，口感好，但会产生高浓度的非饮用水也就是平时所说的"废水"。需要注意的是，净水机产生的"废水"只有含盐量和有机物比自来水略高，其他水质指标甚至优于自来水，并不是真正的废水。依据《反渗透净水机水效限定值及水效等级》（GB 34914—2017），反渗透净水机的水效等级分为5级，其中5级最低。选购反渗透净水机时应优先选择1级或2级水效的净水机，并用水盆或水桶收集净水机尾水进行二次利用，不要让洁净的净水机尾水白白流走（表2-2）。

表2-2 净水机水效等级指标

净水机水效等级	1级	2级	3级	4级	5级
净水产水率/%	≥60	≥55	≥50	≥45	≥35

三、如何选择节水水嘴

香港水务署《家居用水调查（2011）》显示，家居用水中，水嘴和花洒分别占每日耗水量46.6%及43.3%，共占总耗水量近90%（由于香港八成以上居民冲厕用水使用海水，因此家居用水总量不包括冲厕用水）❶。日常生活中选购并使用节水水嘴、节水花洒对于节水非常重要（图2-11）。

---

❶ https：//www.wsd.gov.hk/tc/publications - and - statistics/statistics/domestic - water - consumption - survey/index.html.

图 2-11　某品牌的
三挡节水龙头

依据《水嘴水效限定值及水效等级》（GB 25501—2019），水嘴的水效等级分为 3 级，其中 3 级最低，节水水嘴水效为 1 级和 2 级。多挡位水嘴的最大挡位水效等级不应低于 3 级，以最大挡位实际达到的水效等级作为该水嘴的水效等级级别（表 2-3）。

表 2-3　　　　　　水嘴水效等级指标　　　单位：L/min

类　　　别	流　　　量		
	1 级	2 级	3 级
洗面器水嘴	≤4.5	≤6.0	≤7.5
厨房水嘴			
妇洗器水嘴			
普通洗涤水嘴	≤6.0	≤7.5	≤9.0

注　普通洗涤水嘴是指单柄单控水嘴。

研究数据表明，冷水洗手的舒适流量范围为 3.24～4.08L/min，其中最舒适区间为 3.60～3.72L/min；温水洗手的舒适流量范围为 3.48～

4.50L/min，其中最舒适区间为 3.96～4.08L/min，若以最舒适流量洗手，可节水 54.7％～60.0％。如表 2-3 中数据显示，1 级水效等级的水嘴最低标准流量为 4.5L/min，完全能够满足舒适生活的需要，也能够有效的节约用水。同时，节水龙头、节水器或省水阀中都有起泡器装置，将空气混入水流中，形成气泡式的出水效果，水流细腻不会四处喷溅，降低噪声。因此，购买水嘴时应选择 1 级节水水嘴，并优先考虑单柄双控水嘴。目前市场上还有 2 挡、3 挡的多挡水嘴。以某品牌 3 挡水嘴为例，1 挡为 15％的流量，2 挡为 58％的流量，3 挡为 100％流量，使用 1 挡时可以有效节约用水 38％～67％❶。

如果更换节水水嘴比较麻烦，还可以购买节水器或省水阀，同样可以实现节水的目的。此外，还需要注意的是起泡器有节水起泡器，也有全流量起泡器，节水起泡器更加节水。

四、如何选择节水花洒

依据即将于 2021 年 1 月 1 日起实施的《淋浴器

---

❶ http：//www.ying-sw.com/technology_service/product_technology/water_saving_tech.

水效限定值及水效等级》(GB 28378—2019)，淋浴器水效等级分为 3 级，其中 3 级水效最低，节水淋浴器水效为 1 级和 2 级。手持式花洒如果有多种出水方式，分别试验每种出水方式的流量，以最大流量所达到的水效等级作为产品的水效等级。固定式花洒如果有多种出水使用功能，分别试验每种出水使用功能的流量，以最大流量所达到的水效等级作为产品的水效等级（表 2-4）。

表 2-4　　　　淋浴器水效等级指标　　单位：L/min

类　　别	流　　量		
	1 级	2 级	3 级
手持式花洒	≤4.5	≤6.0	≤7.5
固定式花洒			≤9.0

市场销售的节水花洒也多是通过工艺设计，将 25%～30% 的空气混入水中，使水滴更大更柔，有效增大水珠与身体的接触面积，水流柔和富有弹性，既能够节水，也能使洗浴体验更舒适。

五、如何选择洗衣机

依据《家用和类似用途电动洗衣机》(GB/T 4288—2018)，洗衣机主要性能项目的等级指标按照国际先进水平、国内先进水平、国内中等水平、国内一般水平划分为 A＋级、A 级、B 级、C 级（表 2 - 5）。

表 2 - 5　　　　洗衣机部分主要性能
指标的等级划分

类型	项目	单位	A＋级	A 级	B 级	C 级
双桶波轮式	洗净比	—	＞0.96	≥0.90	≥0.83	≥0.77
	单位用水量	L/kg	＜21.5	≤24	≤28	≤32
全自动波轮式	洗净比	—	＞0.96	≥0.90	≥0.83	≥0.77
	单位用水量	L/kg	＜22.5	≤25	≤28	≤32
全自动搅拌式	洗净比	—	＞0.96	≥0.90	≥0.83	≥0.77
	单位用水量	L/kg	30	≤32	≤36	≤40
有加热滚筒式	洗净比	—	＞1.10	≥1.00	≥0.90	≥0.80
	单位用水量	L/kg	＜10.5	≤12	≤14	≤16
无加热滚筒式	洗净比	—	＞1.05	≥0.90	≥0.83	≥0.77
	单位用水量	L/kg	＜12	≤14	≤16	≤18

由表 2 - 5 可以看出，同级别洗衣机中，滚筒式全自动洗衣机单位用水量最低，洗净比最高；波轮式和搅拌式洗衣机洗净比接近，但搅拌式洗衣机单位用水量最高。选购洗衣机时，应优先选择 A＋级别的全自动滚筒洗衣机，这类洗衣机主要性能指标整体领先，衣服洗得更干净，用水更少。此外，市场上的洗衣机容量从 3kg 到 10kg 不等，应根据实际

需要购买合适容量的洗衣机（图 2-12）。

产品型号：TD100-1636WMUIADT	显示方式：LED
电机类型：BLDC变频电机	洗涤容量：10kg
烘干容易：7kg	洗 净 比：1.08

产品型号	BVL1D100TT	机身颜色	金属钛
电机类型	BLDC电机	洗涤容量	10kg
能效等级	1级	洗净比	1.10

图 2-12 某品牌 A 级别（高洗净比）洗衣机

六、如何选择洗碗机

依据将于 2021 年 1 月 1 日起实施的《洗碗机能效水效限定值及等级》(GB 38383—2019)，综合考虑洗碗机的实测能效指数、水效指数、干燥指数、清洁指数将洗碗机能效等级划分为 5 级（表 2-6）。

表 2-6　　　　洗碗机能效等级指标要求

项目	1	2	3	4	5
能效指数	≤50	≤56	≤63	≤71	≤80
水效指数	≤45	≤52	≤62	≤68	≤75
干燥指数	≥1.08	≥1.08	≥0.97	≥0.97	≥0.86
清洁指数	≥1.12				

　　由表 2-6 可以看出，选购洗碗机时应选择等级 1 和等级 2 的产品，能效指数和水效指数较低，干燥指数较高，既节能节水，又有效避免细菌滋生。

第三章　节水宣传教育

水是生命之源、生产之要、生态之基。十八大以来，习近平总书记多次就治水发表重要讲话、作出重要指示，深刻指出随着我国经济社会不断发展，水安全中的老问题仍有待解决，新问题越来越突出、越来越紧迫，明确提出了"节水优先、空间均衡、系统治理、两手发力"的治水思路，要求从观念、意识、措施等各方面都要把节水放在优先位置，从根本上转变治水思路，把节水放在治水工作各环节的首要位置❶。

2019年《国家节水行动方案》印发实施，提出"要从实现中华民族永续发展和加快生态文明建设的战略高度认识节水的重要性，大力推进农业、工业、城镇等领域节水，深入推动缺水地区节水，提高水资

---

❶　http：//www.xinhuanet.com/politics/2019 - 01/21/c_1210043433.htm.

源利用效率，形成全社会节水的良好风尚，以水资源的可持续利用支撑经济社会持续健康发展"。

《国家节水行动方案》提出三大主要目标：

（1）到 2020 年，节水政策法规、市场机制、标准体系趋于完善，技术支撑能力不断增强，管理机制逐步健全，节水效果初步显现。万元国内生产总值用水量、万元工业增加值用水量较 2015 年分别降低 23％和 20％，规模以上工业用水重复利用率达到 91％以上，农田灌溉水有效利用系数提高到 0.55 以上，全国公共供水管网漏损率控制在 10％以内。

（2）到 2022 年，节水型生产和生活方式初步建立，节水产业初具规模，非常规水利用占比进一步增大，用水效率和效益显著提高，全社会节水意识明显增强。万元国内生产总值用水量、万元工业增加值用水量较 2015 年分别降低 30％和 28％，农田灌溉水有效利用系数提高到 0.56 以上，全国用水总量控制在 6700 亿 m^3 以内。

（3）到 2035 年，形成健全的节水政策法规体系和标准体系、完善的市场调节机制、先进的技术支撑体系，节水护水惜水成为全社会自觉行动，全国用水总量控制在 7000 亿 m^3 以内，水资源节约和循环利用达到世界先进水平，形成水资源利用与发展规模、产业结构和空间布局等协调发展的现代化新格局。

习近平总书记指出："建设生态文明，首先要从改变自然、征服自然转向调整人的行为、纠正人的错误行为。要做到人与自然和谐，天人合一，不要试图征服老天爷。"水是文明之源、生产之要、生态之基，治水是生态文明建设的重要组成，将"从改变自然征服自然转向调整人的行为和纠正人的错误行为"等生态文明思想贯穿到治水全过程，是推进生态文明建设的应有之义。

要实现《国家节水行动方案》提出的主要目标，既要推广节水技术，也要更新人的节水观念，更要推进人的节水行为。

第一节　宣传节水知识

一、宣传节水和洁水观念，倡导节约每一滴水

观念直接影响人们的行为，宣传节水和洁水观念，倡导节约每一滴水，就是要树立珍惜水、爱护水、节约水的节水洁水观念，改变浪费水、污染水的

不良习惯，提高对水的珍贵性认识。

节水是一种道德，人不能无节制地索取自然资源，更不能以超越承载力的状态消耗或浪费自然资源。每一个人享用自然资源的权力是平等的，任何人都不应无偿地占有他人对自然资源平等的享用权，不能剥夺他人在取用水资源方面获得的生存权和发展权，谁也无权超越公平这一最基本的道德准则。

节水是一种自觉，表现为个体的自觉和整体的自觉。个体自觉是整体自觉的基础，但仅有个体的自觉又是不够的。建设节水型社会更强调形成整体的力量，发挥整体自觉的作用，以整体的组织行为放大个体自觉的作用。节水不仅是政府部门的目标，不仅是管理部门的要求，也不仅是节水先进单位、先进个人的经验，而是社会各行各业的每一个人的责任、义务和自觉行动。

节水是一种社会风气，是每一个人都要自觉恪守的行为准则。节水在生产生活的每个领域、每个环节都应成为每一个人的良好习俗。良好的习俗需要社会坚持不懈地引导，通过社会舆论的力量引导每个社会成员都以节水为文明、以节水为美德、以节水为风尚、以节水为光荣。

二、宣传节约用水知识，积极参加节水志愿活动

正确的节水行为需要一定的节水知识基础，宣传节约用水知识，积极参加节水志愿活动，就是要通过节水宣传，提高每一个人的节水认知水平、改变节水态度、推进节水行为，营造全社会节水氛围，提高每一个人的节水危机意识和责任意识，建设节水文化。

节水志愿活动是传播节水知识的重要载体，是促进全社会节水的重要工具。积极参加节水志愿活动，是对自身节水意识的唤醒和加强，能够使节水意识深入渗透到人的内心，并内化为一种信念、一种信仰，并成为一种自觉。做一名节水护水的倡导者、维护者、践行者，倡议"人人节水、志愿先行"，用水利人的聪明才智去指导他人，用水利人的专业力量去帮助他人，用水利人的志愿者精神去感染他人，让水生态文明理念在全社会广泛传播，让节水护水爱水惜水的良好风尚在全社会普遍形成。

三、宣传人人参与节水，带动身边人节约用水

节水，是每一个人的事，更是全社会的事，宣传人人参与节水，带动身边人节约用水，就是要促

使每一个人形成节约用水的意识、坚持节约用水的行为，将节水理念渗透到每一个人，为水资源的可持续利用、经济社会的可持续发展做出应有的贡献。

水是基础性自然资源和战略性经济资源，是人类以及所有生物存在的生命资源，但水也非常容易受到污染。全面自觉节约用水，减少排水，防止污染，保障安全用水，是全社会的责任。

不仅日常生活节水与人直接相关，工业节水、农业节水的主体依然是人，人在其中起着主导作用，例如人们是否认识到节水的重要性，是否自觉严格遵守节约用水的管理制度，是否创造性采取节水措施。工业用水应注重节水减排，不断提高用水效率和效益，努力形成集约高效、循环多元、智慧清洁的工业用水方式，加快构建与水资源承载力相适应的产业结构和生产方式，促进工业高质量绿色发展❶。农业用水应注重节水增效，提高农业综合生产能力，提高水资源利用效率，优化农业生产布局，转变农业用水方式，

---

❶　http：//www. miit. gov. cn/n1146295/n1652858/n1652930/n3757016/c7419099/content. html.

以水资源的可持续利用保障农业和经济社会的可持续发展。城镇用水应注重节水降损，推进城镇节水改造提高雨水、再生水利用水平，构建城镇良性水循环系统，推动管网高漏损地区的节水改造，完善供水管网检漏制度，提高城市节水工作系统性，将节水落实到城市规划、建设、管理各环节。

第二节　阻止浪费水行为

人的行为会受到他人的影响，也会受到社会道德规范的约束。主动劝说他人节水，劝阻他人浪费水，既能看到节水的即时成果，也有助于形成全社会的节水氛围；既能够彰显水利职工的道德品质，也能够体现水利职工的责任与担当意识。

（1）发现水龙头未关紧，及时关闭；发现跑冒滴漏，及时报修；发现浪费水行为，及时劝阻。

数据显示，根据 2017 年《中国水资源公报》及 2008—2017 年《中国城乡建设统计年鉴》，十年间，供水管道长度及供水总量逐年增长，同时城市供水的漏损总量也在逐年增加，十年间的平均漏损率为 12.87%。发现水龙头未关紧，及时关闭；发现跑冒滴漏，及时报修，能够有效避免水资源浪费。

同时，伴随"互联网＋"、云计算、大数据的发展，传统的水务行业正不断地探索智慧水务建设。通过应用现代传感与定位技术、无线通信技术、自动测量技术等先进技术手段，对数据和信息进行整理、分析、评价，实现远程管理、故障定位、报警、数据统计分析等功能，通过云服务器实时将监控数据反映给企业，可及时发现跑冒滴漏现象，节约故障维修时间，避免水资源浪费。

（2）生活中发现浪费水行为，应及时劝阻。

常见的浪费水行为包括：洗手洗脸刷牙时，未及时关闭水龙头或花洒；洗发洗澡使用洗发水、沐浴液、肥皂时，未及时关闭水龙头或花洒；在公共场所用水时"人离水未关"；自来水管发生漏水或爆管，未及时得到修理；用水时的间断，如开门迎客人、接电话、换电视机频道时，未及时关闭水龙头；用过量的水洗车，洗车水未循环使用；洗菜或解冻冷冻食材时使用"长流水"冲洗；用马桶冲掉烟头、碎细纸等垃圾，产生不必要用水。

（3）看到家人、朋友、同事、邻居甚至公共场所的陌生人有浪费水的行为时，要及时劝说制止，使节水传承于家风，形成崇尚节水的社会风气。

2020 年 3 月 23 日，水利部 12314 监督举报服务平台（以下简称 12314 平台）正式上线运行，并开通了电话、网络、微信"三位一体"的水利强监督新渠道，接收水利部职责范围内涉水问题的监督举报，主要包括：河湖突出问题、农村饮水问题、水利工程建设及运行管理问题、水资源管理及节约用水问题、水土保持问题、水库移民问题、水旱灾害防御问题、水利部行政审批问题等❶。遇到严重浪费水的现象，也可以通过 12314 平台进行举报（图 3 - 1）。

图 3 - 1　12314 监督举报服务平台

---

❶　http：//supe.mwr.gov.cn/#/.

第三节 了解中国水周

1998 年《中华人民共和国水法》颁布实施，确定每年 7 月 1 日至 7 日为全国"水法宣传周"（简称"水周"），集中开展《中华人民共和国水法》宣传，以提高公民的水法制观念，促进依法履行义务，自觉遵守法律，引领社会形成珍惜水、节约水和爱护水的良好风尚。

1993 年，联合国决定每年的 3 月 22 日为"世界水日"，要求各国根据各自国情，就水资源保护与开发开展宣传活动，以提高公众意识。

我国的"水法宣传周"与"世界水日"的宗旨一致，为使"水法宣传周"与国际"世界水日"紧密结合，更好地集中力量进行宣传，以取得更好的效果。水利部决定，从 1994 年开始，把我国的"水法宣传周"改为每年的 3 月 22—28 日，即"世界水日"拉开序幕后的一周。要求各级政府、水行政主管部门和有关部门重视"世界水日"和"水法宣传周"的宣传工作，每年围绕"世界水日"和"水法宣传周"特定的主题进行宣传（表 3-1）。

表 3-1   2000—2020 年"中国水周"宣传主题

年度	宣传主题
2000	加强节约和保护，实现水资源的可持续利用
2001	建设节水型社会，实现可持续发展
2002	以水资源的可持续利用支持经济社会的可持续发展
2003	依法治水，实现水资源可持续利用
2004	人水和谐
2005	保障饮水安全，维护生命健康
2006	转变用水观念，创新发展模式
2007	水利发展与和谐社会
2008	发展水利，改善民生
2009	落实科学发展观，节约保护水资源
2010	严格水资源管理，保障可持续发展
2011	严格管理水资源，推进水利新跨越
2012	大力加强农田水利，保障国家粮食安全
2013	节约保护水资源，大力建设生态文明
2014	加强河湖管理，建设水生态文明
2015	节约水资源，保障水安全
2016	落实五大发展理念，推进最严格水资源管理
2017	落实绿色发展理念，全面推行河长制
2018	实施国家节水行动，建设节水型社会
2019	坚持节水优先，强化水资源管理
2020	坚持节水优先，建设幸福河湖

2020 年，"中国水周"活动的主题为"坚持节水优先，建设幸福河湖"（图 3-2）。鄂竟平部长指出"江河湖泊保护治理是关系中华民族伟大复兴的千秋大计。建设造福人民的幸福河湖，必须做好治水这篇大文章。我国地理气候条件特殊、人多水少、水资源时空分布不均，是世界上水情最为复杂、治水最具有

图 3-2 2020 年"中国水周"主题宣传海报

挑战性的国家。立足水资源禀赋与经济社会发展布局不相匹配的基本特征，破解水资源配置与经济社会发展需求不相适应的突出瓶颈，这是我国长远发展面临的重大战略问题。我们必须深入学习领会、坚定不

移贯彻落实习近平总书记关于治水工作的重要论述精神，牢牢把握调整人的行为、纠正人的错误行为这条主线，坚持把水资源作为最大的刚性约束，把水资源节约保护贯穿水利工程补短板、水利行业强监管全过程，融入经济社会发展和生态文明建设各方面，科学谋划水资源配置战略格局，促进实现防洪保安全、优质水资源、健康水生态、宜居水环境、先进水文化相统一的江河治理保护目标，建设造福人民的幸福河湖"❶。

---

❶ http：//www.mwr.gov.cn/xw/slyw/202003/t20200323_1393224.html.

下篇

机关节水方法与技术应用

　　开展机关节水建设是深入贯彻党的十八大关于大力推进生态文明建设的战略部署、落实国家节水行动方案的具体行动。为深入贯彻落实总书记提出的节水优先方针，中央和国家机关必须走在前、作表率。各级机关必须从树牢"四个意识"、坚决做到"两个维护"的高度，充分认识推动节水机关节水建设的重要意义，积极开展节水机关建设。2019年全国水利工作会议提出树立一个标杆，开展水利行业节水机关建设。从水利部机关做起，从各级水利部门机关做起，建成一批节水意识强、节水制度完备、节水器具普及、节水标准先进、监控管理严格的节水单位，带动全社会节水。

　　本篇从节水制度概况、节水技术与产品应用、机关节水整体技术内容三个方面展开介绍机关节水的相关内容，涵盖机关节水制度指导与方法实践，并提供典型案例，为了解机关节水的具体内容、相关技术产品以及使用操作提供参考。

第四章　节水制度概况

第一节　节水制度发展历程

2002 年 10 月，国家经济贸易委员会、建设部印发《关于开展节水产品认证工作的通知》(节水器管字〔2002〕1 号)，要求依据《节水型生活用水器具》(CJ/T 164)标准，推广和实施节水产品认证管理制度。认证机构、认证培训机构、认证咨询机构应当经国务院认证认可监督管理部门批准，并依法取得法人资格。从事节水产品认证活动的认证机构，应当具备与从事节水产品认证活动相适应的检测、检查等技术能力，相关检查机构、实验室，应当经依法认定。

2002 年，国家计划委员会、财政部、建设部、水利部、国家环境保护总局发布《关于进一步推进城市供水价格改革工作的通知》(计价格〔2002〕515 号)，提出推进水价改革，建立合理的供水价格形成机制；做好水价改革规划工作，健全完善各项配套措施；加大污水处理费征收力度，逐步提高水资源费征收标准；理顺水价结构，完善相关节水措施；改革城市供水企业和污水处理企业经营管理体制，努力引入市场机制；做好城市水价改革的领导和组织工作。

2003 年，水利部发布《关于加强水利认证认可工作的若干意见》提出建立节水产品认证制度。

2005 年，为指导节水技术开发和推广应用，推动节水技术进步，提高用水效率和效益，促进水资源的可持续利用，国家发展改革委、科技部会同水利部、建设部和农业部组织制订了《中国节水技术政策大纲》，重点阐明了我国节水技术选择原则、实施途径、发展方向、推动手段和鼓励政策。

2007 年起，节水产品认证被作为进入政府采购清单的前置条件。

2012 年 1 月，国务院印发《关于实行最严格水资源管理制度的意见》，明确提出"逐步实行用水产品用水效标识管理"。

2012 年，水利部和国家质检总局启动了《用水效率标识管理办法》起草工作。

2012年9月，水利部、国家质量监督检验检疫总局（以下简称国家质检总局）、全国节约用水办公室印发《关于加强节水产品质量提升与推广普及工作的指导意见》明确提出，深入推进节水产品认证工作，开展节水产品认证。

2013年1月，国务院办公厅印发《实行最严格水资源管理制度考核办法》，明确了最严格水资源管理制度目标完成、制度建设和措施落实情况的考核指标。

2013年，水利部发布《关于严格用水定额管理的通知》，全面编制各行业用水定额。

2013年5月，国家机关事务管理局发布《关于加强公共机构节水工作的通知》提出各地区公共机构节能管理部门要以提高用水效率为核心，全面落实最严格水资源管理制度，深入推进本地区公共机构节水工作，努力实现到2015年人均用水量较2010年下降12%、省级公共机构节水器具使用率达到100%、50%以上的省级机关建成节水型单位的目标。

2013年10月，水利部、国家机关事务管理局、全国节约用水办公室发布《关于开展公共机构节水型单位建设工作的通知》(附节水型单位建设标准)。要求各地区水行政主管部门、公共机构节能管理部门、节约用水办公室要组织、指导本地区公共机构按照以下具体要求,通知所附节水型单位考核标准,加强节水日常管理,加快节水技术改造,积极创建节水型单位。

2013年,国家发展改革委、住房城乡建设部印发《关于加快建立完善城镇居民用水阶梯价格制度的指导意见》,要求加快建立完善居民阶梯水价制度,要以保障居民基本生活用水需求为前提,以改革居民用水计价方式为抓手,通过健全制度、落实责任、加大投入、完善保障等措施,充分发挥阶梯价格机制的调节作用,促进节约用水,提高水资源利用效率。

2014年,水利部印发《计划用水管理办法》,强化用水单位用水需求和过程管理,提高计划用水管理规范化精细化水平。

2015年4月,国务院发布《水污染防治行动计划》,提出要健全节水环保"领跑者"制度。

2016年5月10日,财政部、国家税务总局联合对外发文《关于全面推进资源税改革的通知》,宣布自2016年7月1日起我国全面推进资源税改革,开展水资源税改革试点工作，并率先在河北试点，采取水资源费改税方式，将地表水和地下水纳入征税范围，实行从量定额计征，对高耗水行业、超计划用水以及在地下水超采地区取用地下水，适当提高税额标准，正常生产生活用水维持原有负担水平不变。在总结试点经验基础上，财政部、国家税务总局将选择其他地区逐步扩大试点范围，条件成熟后在全国推广。

2016 年，住房城乡建设部和国家发展改革委发布《城镇节水工作指南》，从城镇节水改造的机制和实施给出了详细的指导和具体目标：对使用超过 50 年和材质落后的供水管网进行更新改造，到 2017 年，全国城市公共供水管网漏损率控制在 12％以内；到 2020 年，控制在 10％以内。地级及以上城市力争污水实现全收集、全处理，结合城市黑臭水体治理、景观生态补水和城市水生态修复，推动污水再生利用。2020 年，缺水地区的城市再生水利用率不低于 20％，京津冀地区的城市再生水利用率达到 30％以上。建成区公共及民用建筑用水器具符合《节水型生活用水器具》(CJ/T 164) 标准的比例达到 100％。单体建筑面积超过一定规模的新建公共建筑应当安装建筑中水设施，老旧住房逐步完成建筑中水设施安装改造。节水型公共建筑应当至少符合以下要求：技术指标达标。旅馆、机关、办公楼、学校、医院、商场等民用建筑应符合《民用建筑节水设计标准》(GB 50555)要求；水表计量率、用水设施漏损率、卫生洁具设备漏水率、空调设备冷却水循环利用率、锅炉蒸汽冷凝水回收率等符合有关标准要求。再生水、雨水利用情况符合当地有关标准的要求。组织管理到位：主管领导负责节水工作且建立会议制度；设立节水主管部门和专（兼）职节水管理人员；具备健全的节水管理网络和明确的岗位责任制；开展经常性节水宣传教育。计划用水与定额管理执行到位：建立计划用水和节约用水的具体管理制度及计量管理制度；实行指标分解或定额管理；完成节水指标和年度节水计划。用水设施管理到位：具有近期完整的管网图和计量网络图；用水设备管道器具有定期检修制度，已使用的节水设备管理完好且运行正常。用水管理到位：原始记录和统计台账完整规范，并按时完成统计报表及分析，定期开展巡检，按规定进行水平衡测试或评估。

2016 年，国家发展改革委同水利部、国家质检总局研究起草了《用水效率标识管理办法（征求意见稿)》，并面向社会公开征求意见。

2016 年 4 月国家发展改革委、水利部、工业和信息化部、住房城乡建设部、国家质检总局、国家能源局六部门联合印发《水效领跑者引领行动实施方案》，水效领跑者引领行动在全国正式起步。

2017 年，国家发展改革委、水利部和住房城乡建设部联合印发《节水型社会建设"十三五"规划》，东北地区着力提高用水效率，华北地区以结构调整促节水，西北地区以水定发展，西南地区促进人水和谐，华中地区促进节水减排，东南沿海地区节水治污并重。推进城镇供水管网改造。加快对使用年限超过 50 年、材质落后和受损失修的供水管网进行更新改造，减少供水管网"跑冒滴漏"和"爆管"等情况的发生，到 2020 年全国城市公共供水管网漏损率控制在 10％以内。完善供水管网检漏制度，通过供水管网独立分区计量（DMA）和水平衡测试等方式，加强漏损控制管理，在漏损严重或缺水城市开展供水管网 DMA 管理示范工程。推广节水器具使用。加大力度研发和推广应用节水型设备和器具，禁止生产、销售不符合节水标准的产品、设备。推进节水产品企业质量分类监管，以生活节水器具和农业节水设备为监管重点，逐步扩大监督范围，推进节水产品推广普及。公共建筑和新建民用建筑必须采用节水器具，限期淘汰公共建筑中不符合节水标准的水嘴、便器水箱等生活用水器具。鼓励居民家庭选用节水器具，引导居民淘汰现有不符合节水标准的生活用水器具。加强服务业节水。合理限制高耗水服务业用水，对洗浴、洗车、高尔夫球场等行业实行特种用水价格。强制要求使用节水产品，加快节水技术改造，对非人体接触用水强制实行循环利用。缺水地区严禁盲目扩大用水景观、娱乐的水域面积。推广建筑中水应用。开展绿色建筑行动，面积超过一定规模的新建住房和新建公共建筑应当安装中水设施，老旧住房也应当逐步实施中水利用改造。鼓励引导居民小区中水利用，城市居住小区建筑中水主要用于冲厕、小区绿化等生活杂用；公共建筑中水主要用于冲厕。缺水地区的城镇应积极采用建筑中水回用技术。大力推进节水型城市建设。各地要制定节水型城市建设实施方案，加大规划调控指导力度，落实各部门目标、责任和任务期限。健全城市节水法规制度体系、推进实施节水统计等城市节水工作制度和措施，建立城市节水的数字化管理平台和社会参与机制。积极开展节水型单位和居民小区创建活动。

2018年3月1日起，国家发展改革委、水利部和国家质检总局联合组织制定的《水效标识管理办法》正式实施，标志着我国水效标识制度正式实施，并开始对用水产品实施水效标识管理。

2019年，水利部发布《关于开展规划和建设项目节水评价工作的指导意见》。

2019年，水利部公布《国家成熟适用节水技术推广目录（2019年）》。面向社会广泛征集了水循环利用、雨水集蓄利用、管网漏损检测与修复、农业用水精细化管理、用水计量与监控等5类节水技术。经专家评审、网络公示，形成了《国家成熟适用节水技术推广目录（2019年）》。引导提高全国节约用水技术应用水平，推动用水方式由粗放向节约集约转变。

2019年，工业和信息化部、水利部联合公告《国家鼓励的工业节水工艺、技术和装备目录（2019年）》，加快工业高效节水工艺、技术和装备的推广应用，提升工业用水效率，促进工业绿色发展。

2019年，工业和信息化部、水利部、科技部、财政部联合印发《京津冀工业节水行动计划》，推进华北地区地下水超采综合治理，全面提高工业用水效率，保障京津冀地区水资源和生态安全，促进区域经济社会高质量发展。

2019 年，水利部发布《2019 年度实行最严格水资源管理制度考核方案》，对各省（自治区、直辖市）2018 年度用水总量、用水效率、水功能区限制纳污目标完成情况，以及 2019 年度目标完成情况初步结果、制度建设和措施落实情况开展考核。

2019 年，国家发展改革委、财政部、水利部、农业农村部联合发布《关于加快推进农业水价综合改革的通知》。

2019 年，水利部、国家发展改革委联合公布灌区水效领跑者名单。

2019 年，水利部、教育部、国家机关事务管理局联合发布《水利部教育部国管局关于深入推进高校节约用水工作的通知》，要求加强节水宣传教育，强化用水精细化管理，加强管网漏损控制，提高非常规水利用，积极开展节水改造，推广市场化模式，推动产学研融合，发挥示范引领作用，加快推进用水方式由粗放向节约集约转变，提高高校用水效率，深入推进高校节约用水有关工作。

2019 年，水利部发布《关于开展水利行业节水机关建设工作的通知》（水节约〔2019〕92 号），开展水利行业节水机关建设，探索可向社会复制推广的节水机关建设模式，示范带动全社会节约用水。

2020年，国管局、国家发展改革委、水利部联合印发《公共机构水效领跑者引领行动实施方案》，正式启动公共机构水效领跑者引领行动的遴选工作。

2020年，水利部印发《水利职工节约用水行为规范（试行）》，发挥水利职工模范表率作用，推动全社会形成节约用水良好风尚。

2020年，水利部办公厅发布《水利部办公厅关于深入推进市县级水利行业节水机关建设工作的通知》，要求按照2020年全面建成水利行业节水机关的要求，围绕"节水意识强、节水制度完备、节水器具普及、节水标准先进、监控管理严格"节水标杆定位，坚持因地制宜、经济适用的原则，强化组织领导，加强经费保障，加快推进节水机关建设，按时保质落实建设任务。

第二节　机关节水相关制度

多年来，节水制度建设不断完善，为节水工作顺利开展提供了坚实的制度保障。实行最严格水资源管理制度，面向工业农业用水大户推广成熟适用技术，推进农业水价综合改革，开展计划用水和取水定额管理，用水计量和节水技术及评价、实行节水产品认证和水效标识制度，深化水效领跑者示范引领，推广合同节水制度。各城镇结合各自实际制定并实施节水"三同时"管理制度、计划用水与定额管理及累进加价制度、阶梯水价制度等，有力地推进了城镇节水。节水"三同时"管理制度，推动了节水设施和主体工程建设的同步落实，避免了节水设施的缓建、漏建和重复建设；计划用水与定额管理及累进加价制度，有效解决了用水想用多少就用多少的问题，超额用水就要缴纳超定额累进加价费，保证了用水总量的基本稳定；阶梯水价制度，对积极使用节水产品、循环用水、减少浪费起到了较好的促进作用；节水产品认证、水效标识制度和水效领跑者引领行动，促进节水产品的研发、生产和推广，培育和规范节水产品市场；合同节水管理制度为节水改造和管理提供了服务保障。

一、计划用水与定额管理制度

1988 年发布的《城市节约用水管理办法》，规定城市实行计划用水和节约用水。生活用水按户计量收费。新建住宅应当安装分户计量水表；现有住户未装分户计量水表的，应当限期安装。各用水单位应当在用水设备上安装计量水表，进行用水单耗考核，降低单位产品用水量；应当采取循环用水、一水多用等措施，在保证用水质量标准的前提下，提高水的重复利用率。国务院城市建设行政主管部门主管全国的城市节约用水工作，业务上受国务院水行政主管部门指导。国务院其他有关部门按照国务院规定的职责分工，负责本行业的节约用水管理工作。

2010 年《中共中央　国务院关于加快水利改革发展的决定》明确提出建立用水总量控制制度。确立水资源开发利用控制红线，抓紧制定主要江河水量分配方案，建立取用水总量控制指标体系。加强相关规划和项目建设布局水资源论证工作，国民经济和社会发展规划以及城市总体规划的编制、重大建设项目的布局，要与当地水资源条件和防洪要求相适应。严格执行建设项目水资源论证制度，对擅自开工建设或投产的一律责令停止。严格取水许可审批管理，对取用水总量已达到或超过控制指标的地区，暂停审批建设项目新增取水；对取用水总量接近控制指标的地区，限制审批新增取水。严格地下水管理和保护，尽快核定并公布禁采和限采范围，逐步削减地下水超采量，实现采补平衡。强化水资源统一调度，协调好生活、生产、生态环境用水，完善水资源调度方案、应急调度预案和调度计划。建立和完善国家水权制度，充分运用市场机制优化配置水资源。提出建立用水效率控制制度。加快制定区域、行业和用水产品的用水效率指标体系，加强用水定额和计划管理。

2013年，水利部印发《水利部关于严格用水定额管理的通知》，提出规范用水定额编制，加强定额监督管理，是各级水行政主管部门的重要职责，是提高用水效率，促进产业结构调整的主要手段。要求各省级水行政主管部门要积极会同有关行业主管部门，按照《用水定额编制技术导则》要求，依据《国民经济行业分类与代码》（GB/T 4754）规定的行业划分，结合区域产业结构特点和经济发展水平，加快制定农业、工业、建筑业、服务业以及城镇生活等各行业用水定额。各省级用水定额发布前，须征求所在流域的管理机构意见，经有关流域机构同意后，方可发布。以地方标准或以部门文件形式发布的用水定额，应经省级人民政府授权。各省级水行政主管部门应在用水定额发布后 1 个月内将用水定额文件或标准报送水利部备案。

2014 年，水利部印发《计划用水管理办法》，落实最严格水资源管理制度，全面推进节水型社会建设，强化用水单位用水需求和过程管理，提高计划用水管理规范化精细化水平。对纳入取水许可管理的单位和其他用水大户（以下统称用水单位）实行计划用水管理。水利部负责全国计划用水制度的监督管理工作，全国节约用水办公室负责具体组织实施。流域管理机构依照法律法规授权和水利部授予的管理权限，负责所管辖范围内计划用水制度的监督管理工作，其直接发放取水许可证的用水单位计划用水相关管理工作，委托用水单位所在地省级人民政府水行政主管部门承担。县级以上地方人民政府水行政主管部门按照分级管理权限，负责本行政区域内计划用水制度的管理和监督工作。

用水单位的用水计划由年计划用水总量、月计划用水量、水源类型和用水用途构成。年计划用水总量、水源类型和用水用途由具有管理权限的水行政主管部门（以下简称管理机关）核定下达，不得擅自变更。月计划用水量由用水单位根据核定下达的年计划用水总量自行确定，并报管理机关备案。用水单位应当于每年 12 月 31 日前向管理机关提出下一年度的用水计划建议；新增用水单位应当在用水前 30 日内提出本年度用水计划建议。用水单位提出用水计划建议时，应当提供用水计划建议表和用水情况说明材料。用水情况说明应当包括用水单位基本情况、用水需求、用水水平及所采取的相关节水措施和管理制度。用水单位调整年计划用水总量的，应当向管理机关提出用水计划调整建议，并提交计划用水总量增减原因的说明和相关证明材料。用水单位不调整年计划用水总量，仅调整月计划用水量的，应当重新报管理机关备案。

用水单位具有下列情形之一的，管理机关应当核减其年计划用水总量：①用水水平未达到用水定额标准的；②使用国家明令淘汰的用水技术、工艺、产品或者设备的；③具备利用雨水、再生水等非常规水源条件而不利用的。用水单位月实际用水量超过月计划用水量 10％的，管理机关应当给予警示。用水单位月实际用水量超过月计划用水量 50％以上，或者年实际用水量超过年计划用水总量 30％以上的，管理机关应当督促、指导其开展水平衡测试，查找超量原因，制定节约用水方案和措施。用水单位超计划用水的，对超用部分按季度实行加价收费；有条件的地区，可以按月或者双月实行加价收费。

2017年，国家发展改革委、水利部和住房城乡建设部联合印发《节水型社会建设"十三五"规划》提出严格用水定额管理，强化行业和产品用水强度控制。建立先进的用水定额体系，到2020年全面覆盖主要农作物、工业产品和生活服务行业。加大计划用水管理，加强水资源统一调度，对纳入取水许可管理的单位和其他用水大户全部实行计划用水管理。落实节水"三同时"制度，对违反"三同时"制度的企业，责令停止取用水并限期整改。

二、阶梯水价及累进加价制度

2013年，国家发展改革委、住房城乡建设部发布《关于加快建立完善城镇居民用水阶梯价格制度的指导意见》，要求加快建立完善居民阶梯水价制度，要以保障居民基本生活用水需求为前提，以改革居民用水计价方式为抓手，通过健全制度、落实责任、加大投入、完善保障等措施，充分发挥阶梯价格机制的调节作用，促进节约用水，提高水资源利用效率。在全国各省辖市实行阶梯水价的基础上，各地应按照国家统一要求，尽快制定本地区居民阶梯水价具体实施方案，结合实际，适当考虑家庭人口差异，合理确定阶梯水量、分档水价、计价周期，妥善处理合表用户水价问题，明确推进居民阶梯水价的步骤、进度要求，制定确保阶梯水价落实到位的保障措施。今后凡调整城市供水价格的，必须同步建立起阶梯水价制度。已实施居民阶梯水价的城镇，要按指导意见要求进一步调整和完善。

2017年，国家发展改革委、水利部和住房城乡建设部联合印发《节水型社会建设"十三五"规划》提出完善城镇居民用水阶梯价格制度，合理调整城镇居民生活用水价格，全面推行阶梯水价和超定额累进加价制度。

2017年10月，国家发展改革委、住房城乡建设部印发《关于加快建立健全城镇非居民用水超定额累进加价制度的指导意见》，要求建立健全非居民用水超定额累进加价制度，要以严格用水定额管理为依托，以改革完善计价方式为抓手，通过健全制度、完善标准、落实责任、保障措施等手段，提高用水户节水意识，促进水资源节约集约利用和产业结构调整。

2020 年底前，各地要全面推行非居民用水超定额累进加价制度。非居民用水超定额累进加价实施范围为城镇公共供水管网供水的非居民用水户。各地可选用国家分行业取用水定额标准，也可结合当地非居民用户的生产、经营用水实际情况，制定严于国家标准的分行业用水定额，为建立健全非居民用水超定额累进加价制度奠定基础。已经制定用水定额标准的，要根据经济发展状况、水资源禀赋变化和技术进步等因素，及时修订完善。各地要根据用水定额，充分考虑水资源稀缺程度、节水需要和用户承受能力等因素，合理确定分档水量和加价标准。原则上水量分档不少于三档，二档水价加价标准不低于 0.5 倍，三档水价加价标准不低于 1 倍，具体分档水量和加价标准由各地自行确定。对"两高一剩"（高耗能、高污染、产能严重过剩）等行业要实行更高的加价标准，加快淘汰落后产能，减少污水排放，促进产业结构转型升级。缺水地区要根据实际情况加大加价标准，充分反映水资源稀缺程度。

三、节水产品认证制度

2003 年，水利部发布《关于加强水利认证认可工作的若干意见》提出建立节水产品认证制度。2007年起，节水产品认证被作为进入政府采购清单的前置条件。2017年，国家发展改革委、水利部和住房城乡建设部联合印发《节水型社会建设"十三五"规划》，提出完善相关技术标准和节水等绿色产品认证制度；积极推动节水产品认证；编制国家鼓励发展的节水产品（设备）目录和不符合节水标准的淘汰及禁止目录；明确节水认证产品优惠激励机制。对重要节水产品实施年度国家质量监督抽查，依法向社会公告抽查结果。对抽查结果不合格产品的生产企业建立负面信用记录，并纳入全国统一的信用信息共享平台。2019年，国家发展改革委、水利部印发《国家节水行动方案》，提出持续推动节水认证工作，促进节水产品认证逐步向绿色产品认证过渡，完善相关认证结果采信机制。

四、水效标识制度和水效领跑者引领行动

2012年1月，国务院印发《关于实行最严格水资源管理制度的意见》，明确提出"逐步实行用水产品用水效标识管理"。同年，水利部和国家质检总局启动了《用水效率标识管理办法》起草工作。2015

年 4 月，国务院发布《水污染防治行动计划》，提出要健全节水环保"领跑者"制度。2016 年，国家发展改革委、水利部、工业和信息化部、住房城乡建设部、国家质检总局、国家能源局联合印发《水效领跑者引领行动实施方案》，综合考虑产品的市场规模、节水潜力、技术发展趋势以及相关标准规范、检测能力等情况，选择坐便器、水嘴、洗衣机、净水机等生活领域用水产品实施水效领跑者引领行动，逐步扩大到工业、农业和商用等领域用水产品。

2017 年，国家发展改革委、水利部、国家质量监督检验检疫总局制定发布《水效标识管理办法》，规定国家对节水潜力大、使用面广的用水产品实行水效标识制度，国家发展改革委、水利部、国家质检总局按照部门职责分工，负责水效标识制度的建立并组织实施。国家发展改革委、水利部、国家质检总局和国家认证认可监督管理委员会（以下简称国家认监委）制定并公布《中华人民共和国实施水效标识的产品目录》（以下简称《目录》），确定适用的产品范围和依据的水效标准。地方各级发展改革部门、水行政主管部门、质量技术监督部门和出入境检验检疫机构（以下简称地方质检部门），在各自的职责范围内对水效标识制度的实施开展监督检查。列入《目录》产品的生产者和进口商应当向国家质检总局、国家发展改革委和水利部共同授权的中国标准化研究院（以下简称授权机构）备案水效标识及相关信息。

2017 年，国家发展改革委、水利部和住房城乡建设部联合印发《节水型社会建设"十三五"规划》，提出实施水效领跑者行动；定期公布同类可比范围内用水效率最高的用水产品、重点用水企业和灌区名录；带动全行业、全社会向领跑者学习，适时将水效领跑者有关指标纳入强制性国家标准；建立用水产品水效标识制度；发布《水效标识管理办法》，对节水潜力大、适用面广的用水产品实行水效标识制度；依据水效强制性国家标准，开展产品水效检测，确定产品水效等级；做好水效标识制度的社会宣传和市场监督。

2018 年 3 月 1 日起，国家发展改革委、水利部和国家质检总局联合组织制定的《水效标识管理办法》正式实施，标志着我国水效标识制度正式实施，并开始对用水产品实施水效标识管理。

2019 年，国家发展改革委、水利部印发《国家节水行动方案》，提出推行水效标识建设。对节水潜力大、适用面广的用水产品施行水效标识管理。开展产品水效检测，确定水效等级，分批发布产品水效标识实施规则，强化市场监督管理，加大专项检查抽查力度，逐步淘汰水效等级较低产品。到 2022 年，基本建立坐便器、水嘴、淋浴器等生活用水产品水效标识制度，并扩展到农业、工业和商用设备等领域。在用水产品、用水企业、灌区、公共机构和节水型城市开展水效领跑者引领行动。制定水效领跑者指标，发布水效领跑者名单，树立节水先进标杆，鼓励开展水效对标达标活动。到 2022 年，遴选出 50 家水效领跑者工业企业、50 个水效领跑者用水产品型号、20 个水效领跑者灌区以及一批水效领跑者公共机构和水效领跑者城市。

2019 年，国家发展改革委、水利部、住房城乡建设部、市场监管总局，联合印发《坐便器水效领跑者引领行动实施细则》，贯彻落实《国家节水行动方案》，提高用水产品水效，促进节水器具推广。

2020 年，国家发展改革委、水利部、住房城乡建设部、市场监管总局，联合印发《2020 年度坐便器水效领跑者产品名单》，引领广大用水产品生产企业要开展对标达标，进一步做好节水产品的研发、生产和推广，持续提升产品用水效率，培育和规范节水产品市场。

2020年，工业和信息化部办公厅、水利部办公厅、国家发展改革委办公厅、市场监管总局办公厅联合发布《关于组织开展2020年重点用水企业水效领跑者遴选工作的通知》，2020年度遴选的对象主要是钢铁、炼焦、石油炼制、现代煤化工、乙烯、氯碱、氮肥、造纸、纺织染整、化纤长丝织造、啤酒、味精、氧化铝、电解铝等14个行业。

2020年，国管局、国家发展改革委、水利部联合印发《公共机构水效领跑者引领行动实施方案》，正式启动公共机构水效领跑者引领行动的遴选工作。在公共机构节水型单位建设工作基础上，开展公共机构水效领跑者引领行动，发布"节水制度齐全、节水管理严格、节水指标先进"的水效领跑者名单，加快形成"单位主动、行业联动、多方行动"的节水工作格局，推进节水型社会建设。公共机构水效领跑者每三年遴选一次，重点在党政机关、医院、学校等领域开展，相关单位要符合水计量、节水器具普及率和漏失率等技术标准要求和规章制度、节水文化等管理要求，经过申报、推荐、审核、公示与发布等流程进行评选后，授予"公共机构水效领跑者"称号。

五、合同节水管理制度

2016 年，国家发展改革委发布《关于推进合同节水管理促进节水服务产业发展的意见》，提出坚持市场主导、政策引导、创新驱动、自律发展，到 2020 年，合同节水管理成为公共机构、企业等用水户实施节水改造的重要方式之一，培育一批具有专业技术、融资能力强的节水服务企业，一大批先进适用的节水技术、工艺、装备和产品得到推广应用，形成科学有效的合同节水管理政策制度体系，节水服务市场竞争有序，发展环境进一步优化，用水效率和效益逐步提高，节水服务产业快速健康发展。

2017 年，国家发展改革委、水利部和住房城乡建设部联合印发《节水型社会建设"十三五"规划》，提出建立健全激励机制，通过完善相关财税政策、鼓励金融机构提供优先信贷服务等方式，引导社会资本参与投资节水服务产业；落实推行合同节水管理，促进节水服务产业发展，发布操作指南和合同范本；在重点领域和水资源紧缺地区，建设合同节水管理示范试点。

2019 年，国家发展改革委、水利部印发《国家节水行动方案》，提出创新节水服务模式，建立节水装备及产品的质量评级和市场准入制度，完善工业水循环利用设施、集中建筑中水设施委托运营服务机制，在公共机构、公共建筑、高耗水工业、高耗水服务业、农业灌溉、供水管网漏损控制等领域，引导和推动合同节水管理；开展节水设计、改造、计量和咨询等服务，提供整体解决方案；拓展投融资渠道，整合市场资源要素，为节水改造和管理提供服务。

合同节水管理借鉴了合同能源管理的实践经验，是一种符合市场经济规律运作的新型节水管理模式，是在政府和用水单位之间引入了第三方节水服务机构，通过与用水户签订节水管理服务合同，进行节水投入，节水服务机构以节水效益分享方式回收投资和获得合理利润，一般可利用节水量和水价差等利润空间实施合同节水管理。合同节水的典型模式有：①节水效益分享型，节水服务企业和用水户按照合同约定的节水目标和分成比例收回投资成本、分享节水效益的模式；②节水效果保证型，节水服务企业与用水户签订节水效果保证合同，达到约定节水效果的，用水户支付节水改造费用，未达到约定节水效果的，由节水服务企业按合同对用水户进行补偿；③用水费用托管型，用水户委托节水服务企业进行供用水系统的运行管理和节水改造，并按照合同约定支付用水托管费用，在推广合同节水管理典型模式基础上，鼓励节水服务企业与用水户创新发展合同节水管理商业模式。目前合同节水管理还处于前期政策引领、投资人探索的市场培育阶段。

第五章 节水技术与产品在机关节水中的应用

国家鼓励节水新技术、新工艺和重大装备的研究、开发与应用。经过多年的实践，节水技术从着眼于"节约"转向系统性资源回收和循环再利用，由单一设施、单一技术使用向用水系统集成优化、智能化方向发展。雨水利用、节水灌溉、中水利用等新技术应用到了机关节水建设中，水龙头、管网有节水升级产品，餐厨设施、用水电器也实现了相应的节水改造技术应用。

第一节 室 外 节 水

一、雨水收集利用

雨水收集利用技术是一种多目标的综合性节水技

术，执行国家现行规范《建筑与小区雨水利用工程技术规范》(GB 50400) 的有关规定。应用雨水收集利用技术旨在充分发挥海绵城市建设的作用，通过"渗、滞、蓄、净、用、排"等措施，强化城市降雨径流的滞蓄利用、下渗补给地下水。收集的雨水通常可用于景观用水、绿化用水、循环冷却系统补水、汽车冲洗用水、路面地面冲洗用水、冲厕、消防、地下水回灌等。一般多年平均年降雨量低于 600mm 的地区不宜建设雨水直接回收利用工程，确有必要的，宜采用简单的回收利用措施。

1. 雨水收集利用措施

（1）按雨水收集利用的流程可以分为雨水汇集方式及配套技术、雨水存贮与净化技术和雨水的高效利用技术。

1）雨水汇集方式及配套技术。

雨水汇集方式及配套技术集合了雨水汇集工程设计，集流场地的规划设计、集流场地地表处理技术及集流工程系统的管理与维护技术，分为地面和屋面的雨水汇集工程规划设计。

地面、道路一般可以通过渗透铺装实现雨水的下

渗收集，渗透铺装的材料包括透水路面砖、透水水泥
混凝土路面和透水沥青路面。一般人行道采用透水路
面砖（图5-1），车行道采用透水水泥混凝土路面，
健身步道采用透水沥青路面（图5-2）。在空旷处建
设绿地也可以起到收集雨水的作用。

图5-1　水利部机关院内　　　图5-2　透水的路面和
　　　　铺设的透水砖　　　　　　　　健身步道

　　屋面雨水收集技术分为单体建筑分散式和建筑群
集中系统，但其基本的工艺流程是相同的。通常是应
用金属、陶瓦、混凝土等作为集水屋顶材料或在建筑
屋顶上进行绿化、花草种植，进行雨水收集，建筑的
顶层采用暗沟排水方式，再经过特殊的管道将收集的
雨水汇集到贮水系统。屋面雨水收集要考虑大气质量、

降雨量、降雨间隔以及屋面材料本身对水质和水量的影响（图5-3）。

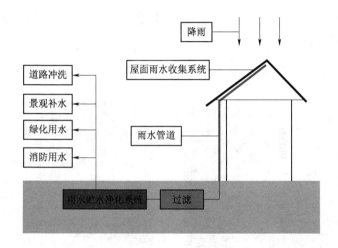

图5-3 屋面雨水收集工程示意图

2）雨水存贮与净化技术。

雨水存贮与净化技术包括雨水存贮设施设计与施工技术、雨水存贮设施防渗防冻技术和存贮雨水保鲜净化技术。通常可以采用生物滞留设施、雨水湿地、雨水收集罐等方式。

生物滞留设施也称为雨水花园，指在地势较低的区域，通过植物、土壤和微生物系统达到蓄渗、净化径流雨水效果的设施，如高位花坛、生态树池，道路两侧的植草沟等（图5-4、图5-5）。应用时需要根据现场试验数据结合当地降雨特性，设计具体的适用面积、选择不同的土壤填料、表面储水区深度以及内部储水区出流量。主要适用于建筑与小区内建筑、道路及停车场的周边绿地，以及道路绿化带等绿地内，形式组合灵活，规模大小皆宜，兼具景观效果。

图 5-4 道路两侧的 图 5-5 道路旁的
　　　植草沟 　　　生物滞留设施

雨水湿地是通过物理、植物及微生物共同作用，对雨水起到沉淀、过滤、净化、调蓄作用的人工模拟湿地系统。适用于具有一定空间条件的道路、绿地、滨水带等区域，可以利用天然的洼地设计雨水湿地。雨水湿地可有效削减污染物，并具有一定的雨水汇集和存贮效果，但建设及维护费用较高，对应用面积有一定要求（图 5-6）。

图 5-6　雨水湿地

雨水收集罐或雨水收集池是一种灵活多样的存贮雨水的设备，可以根据实际需要设计不同存储量的雨水收集罐或雨水收集池，材质可以是不锈钢、玻璃钢、聚丙烯塑料模块等。雨水收集罐或雨水收集池需要同时考虑水质净化的因素（图 5-7、图 5-8）。

图 5-7　聚丙烯塑料模块

图 5-8　雨水收集罐

3）雨水高效利用技术。

雨水的高效利用技术指雨水经汇集、存贮、净化后进行高效利用的技术，包括选择、改造和完善适宜于利用集蓄雨水灌溉的小型设施，存贮雨水合理调蓄技术和提高雨水利用效率的综合技术。具体包括以改良土壤，增强土壤持水能力的雨水保墒技术；利用地形落差，实施自压滴灌或渗灌，使降水与植物需水错位的雨水分配技术；利用新型集雨材料提高集雨效率技术；与景观、灌溉、冲洗、冲厕、消防、地下水回灌结合的雨水回收利用技术（图 5 - 9、图 5 - 10）。

图 5 - 9 海委机关的雨水回用设施

图 5-10 淮河水利委员会机关的雨水集蓄设施

（2）按雨水收集利用的场景可以分为城区雨水的直接利用技术、城区雨水的环境生态利用技术、城区雨水集蓄回灌技术和城区雨水调蓄储存设施。

1）城区雨水的直接利用技术。

在城市绿地系统和楼宇之间的空地，适合推广城市绿地草坪滞蓄直接利用技术，雨水直接用于绿地草坪浇灌；缺水地区推广利用道路两侧排水沟集雨直接利用技术，道路集雨系统收集的雨水主要用于城市杂用水；鼓励干旱地区城市因地制宜采用微型水利工程技术，对强度小但面积广泛分布的雨水资源加以开发利用，如房屋屋顶雨水收集技术等。

2）城区雨水的环境生态利用技术。

雨水的环境生态利用通常是指把雨水利用与天然洼地、水体等湿地保护和湿地恢复相结合。通过管网将雨水引导到天然洼地、水体或人工湿地，使雨水利用与环境景观、生态修复结合起来。

3）城区雨水集蓄回灌技术。

在缺水地区优先推广城市雨洪水地下回灌系统技术。通过城市绿地、城市水系、交通道路网的透水路面、道路两侧专门用于集雨的透水排水沟、生活小区雨水集蓄利用系统、公共建筑集水入渗回补利用系统等充分利用雨洪水和上游水库的汛期弃水进行地下水回灌。完善城市排水体系，建立雨水径流收集系统和水质监测系统。鼓励缺水地区在建设雨污分流排水体制的基础上采用城区雨水处理回灌技术。

4）城区雨水调蓄储存设施。

因地制宜地采用生态或人工设施调蓄储存雨水，如人工或自然水体、混凝土蓄水池、聚丙烯塑料模块蓄水池、其他环保高效低成本的雨水集蓄新材料等。

雨水收集利用技术规模灵活，可以因地适宜地采用不同的个性化组合，既可以是绿地这种简单的收集下渗方式，也可以加上集流和净化设备，发挥多种用途，还可以与景观设计结合，不仅减少了硬质路面的市政雨水排污量，还能起到削减城市径流洪峰的作用，是一种具有综合效益的节水技术。

2. 机关节水雨水收集利用应用示例

（1）水利部水利水电规划设计总院在节水机关建设中引入"海绵城市"概念，排水系统改造提升优先考虑把有限的雨水留下来，优先考虑更多利用自然力量排水，建设自然存积、自然渗透、自然净化的海绵城市。办公楼周边绿地实施海绵设施改造，结合现状排水系统，重新梳理组织地面雨水径流，增加源头控制及净化能力；增加雨水管线并完善喷灌系统，配置雨水调蓄利用系统，充分利用雨水资源；绿地设置微地形，从视觉上扩展绿地面积，更换增加耐旱观赏地被植物，优先利用植草沟、雨水花园、下沉式绿地等"绿色"措施来组织排水，能够像海绵一样，在适应环境变化和应对自然灾害等方面具有良好的"弹性"，下雨时吸水、蓄水、渗水、净水，多余雨水通过排水管溢流到地下雨水收集系统，需要时将蓄存的水"释放"并加以利用。在提升办公环境的同时，也提升了生态系统功能并减少内涝灾害的发生，对推广非常规水利用起到积极示范作用（图 5 - 11）。

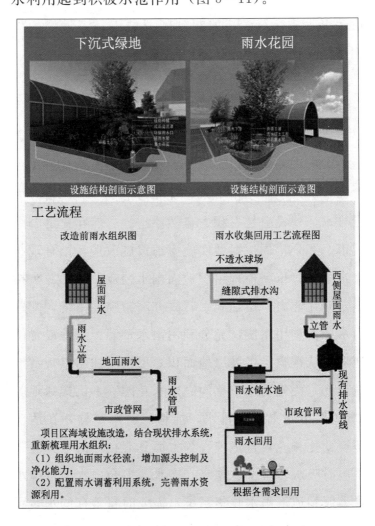

图 5 - 11　水利部水利水电规划设计总院
雨水收集利用流程示意图

（2）中国水利水电科学研究院节水机关建设海绵块示范区，选取其南院 A 座办公区东门绿化区为海绵示范项目建设区，开展雨水集蓄利用、壤中雨水汇流利用示范区建设，同时在南院 D 座北门建设下凹式绿地，集蓄雨水用于绿化（图 5-12、图5-13）。

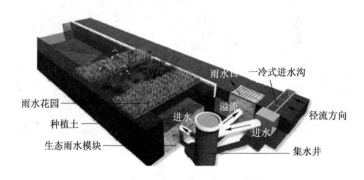

图 5-12　中国水利水电科学研究院雨水花园结构示意图

二、绿地浇灌

绿地提倡种植耐旱性植物，采用非充分灌溉方式进行灌溉作业；绿化用水应优先使用再生水；采用喷灌、微喷、滴灌等节水灌溉技术，灌溉设备可选用地埋升降式喷滴灌设备、滴灌管、微喷头、滴灌带等。

图 5-13 中国水利水电科学研究院雨水花园示范区建设成果

1. 喷灌

喷灌是借助水泵和管道系统或利用自然水源的落差，将具有一定压力的水喷到空中形成分散的小水滴或形成弥雾降落到植物上和地面上的灌溉方式（图 5-14）。喷灌设备由进水管、抽水机、输水管、配水管和喷头（或喷嘴）等部分组成，分为固定式的，半固定式的或移动式的。喷灌的灌溉方式不破坏

110

土壤结构、调节地面气候且不受地形限制，由于喷灌可以控制喷水量和均匀性，避免产生地面径流和深层渗漏损失，使水的利用率大为提高，一般比漫灌能节省水量 30%～50%。

图 5－14 江西省水利厅办公楼外的喷灌设施

2. 滴灌

滴灌是将水通过管道系统与安装在直径约 10mm 毛管上的孔口或滴头送到作物根部进行局部供水的灌溉方式。滴灌精准供水，灌水器灌水量小，一次灌水延续时间较长，灌水的周期短，可以做到小水勤灌；需要的工作压力低，能够较准确地控制灌水量，减少无效的棵间蒸发，蒸发损失小；不产生地面径流，几乎没有深层渗漏，不破坏土壤结构，是一种高效省水的灌水方式。滴灌通常结合水肥同步设计，节水、省肥、省工。

根据滴灌系统中毛管在田间的布置方式、移动与否以及灌水的方式不同，分为地面固定式、地下固定式、半固定式、移动式、手动控制、全自动控制、半自动控制。

3. 微喷

微喷又称雾滴喷灌，是近年来国内外在总结喷灌与滴灌的基础上，研制和发展起来的一种先进灌溉技术（图5-15）。微喷利用低压水泵和管道系统输水，在低压水的作用下，通过特别设计的折射式、旋转式或辐射式微型雾化喷头，将水喷到空中，并散成细小雾滴，洒到植物枝叶等区域的灌水形式。微喷的工作压力较喷灌低，灌水流量小，一次灌水延续时间长，周期短，能够较精确地控制灌水量，既可以增加土壤水分，又能提高空气湿度，起到调节局部小气候的功效，应用面广泛。

图 5-15 花圃采用的微喷灌溉

4. 地埋升降式喷滴灌设备

地埋升降式喷滴灌设备的专用自动伸缩取水器埋设于耕作层以下，启用时在水压作用下自动升出地面，灌溉结束后回缩至耕作层以下，避免人为破坏，有利于耕作，能满足溉的不同供水需求（图 5-16）。

5. 滴灌管

滴灌管是滴灌灌溉系统中的重要灌溉器，按照作

113

图 5 - 16 地埋式喷头

物需水要求，通过低压管道系统与安装在毛管上的灌水器，将水分均匀而又缓慢地滴入作物根区土壤中。一般包括压力补偿式滴灌管、非压力补偿式滴灌管、内镶式滴灌管、管间式滴灌管。

6. 微喷头

微喷头是一种用于微喷灌的出流部件，一般分为折射式微喷头和旋转式微喷头。

7. 滴灌带和微喷带

滴灌带和微喷带指的是滴灌设施中将水送到滴头

灌溉植物的塑料管道，分为内嵌式、薄壁式。内镶式是在毛管制造过程中，将预先制造好的滴头镶嵌在毛管内；薄壁式是在制造薄壁管的同时，在管的一侧或中间部位热合出各种形状减压流道的滴水出口。

绿地浇灌除了采用各种节水灌溉产品，还常常与雨水利用、中水回用设施组合，采用雨水或中水作为灌溉水源。

喷灌、滴灌和微喷的优缺点比较：喷灌由于水压高，灌溉范围大，水滴较大，喷水对植物的打击强度大，易伤害幼嫩苗木。滴灌的灌水器（孔口或滴头）容易堵塞，滴灌对水质要求较高，一般均应经过过滤，必要时还需经过沉淀和化学处理，对管理人员的要求也较高。微喷采用的是较低的水压，相比较喷灌 10m 至数十米的射程，微喷的射程只能在 5m 以内，但是微喷洒水的雾化程度高，雾滴细小，对植物的打击强度小，均匀度好，不易对植物造成伤害。同样因为微喷洒水的雾化程度高，对水的利用度更高，较喷灌更为省水。

8. 机关节水绿化浇灌应用示例

海河水利委员会在节水型机关建设中开展了节水

型绿化浇灌改造工程，防汛调度楼北侧 2310m² 绿地采用地插式微喷的灌溉模式，大门西侧 422m² 绿地选用薄壁微喷带灌溉（图 5-17、图 5-18）。

图 5-17　海委防汛调度楼北侧的地插式微喷设施

图 5-18　海委大门西侧的薄壁微喷带灌溉

三、机动车洗车节水技术

机动车洗车节水技术推广采用高压喷枪冲车、电脑控制洗车和微水洗车等节水作业技术，推广洗车用水循环利用技术和其他环保型无水洗车技术。洗车循环水处理设备是为各类洗车场的洗车废水或各类非常规水净化回用而设计的水循环净化处理系统，通过物理净化和适当的消毒，将污水净化处理后循环回用，以达到既环保又节水省钱的目的。环保型无水洗车技术是通过喷涂专用环保型清洁剂，经布擦拭完成车辆清洁，清洁剂配方多由表面活性剂、浮化剂及悬浮剂组成，使污渍易于擦拭（图 5 - 19）。

图 5 - 19　安徽省水利厅机关采用的使用非常规水的洗车平台

117

四、其他室外节水技术

节水公厕设施。微生物降解环保公厕设施通过微生物真菌将废弃物分解为水、二氧化碳、氨气和其他有机物,实现零污染排放。泡沫封堵环保公厕设施通过发泡装置使用很少的水配置成发泡液,对废弃物进行隔离封堵。

第二节　室　内　节　水

一、卫生洁具

卫生洁具是建筑设备的一个重要组成部分,通常指是供洗涤、收集和排放生活及生产中所产生污(废)水的设备,既要满足功能要求,又要考虑节能、节水的要求。卫生洁具节水标准可以执行国家现行规范《节水型卫生洁具》(GB/T 31436—2015)的有关规定。

1. 节水型水龙头

节水型水龙头包括非接触自动控制式、延时自闭、脚踏式、陶瓷磨片密封式以及使用限流装置的水龙头等。淘汰建筑内铸铁螺旋升降式水龙头、铸铁螺旋升降式截止阀。

（1）非接触自动控制式水龙头也称感应式水龙头，通常是利用红外线反射原理，使得手部与水龙头无接触的方便卫生的新型水龙头（图5-20）。当人体的手放在水龙头的红外线区域内，红外线发射管发出的红外线被手遮挡，无法反射到红外线

图5-20 非接触自动
控制式水龙头

接收管，电路按指定的信号打开阀芯来控制水龙头出水；当人体的手离开水龙头的红外线区域内，信号消失，电路复位控制水龙头关水。非接触自动控制式水龙头避免了出水关闭的延迟，避免了忘记关水龙头或关闭不严滴漏的情况，达到节约水资源的效果。缺点是结构复杂，存在用电安全隐患，需要消耗一定的电能。

（2）延时自闭式水龙头是利用油压方式或内部的弹簧与阻尼套件，让出水在一定时间内停止的水龙头。由于能够在设定的出水时间自动停止出水，控制了单次出水量，同时避免忘记关水龙头或关闭不严滴漏的情况，达到节约水资源的效果。缺点延时自闭式水龙头需要接触按压才能启用，同时每个人的用水习惯以及每次用水用途不尽相同，延时的设置影响使用的便捷性，有时反而出现人离开了还在出水，造成水的浪费。

（3）脚踏式水龙头是一种利用了压力差的原理，用脚踏的方式控制龙头开关的液压控制水阀。由主阀和辅阀及液压管组成。当用脚踩下辅阀的脚踏式开关时，辅阀打开，形成水流通路，主阀活塞上侧不再有水压作用，在下方水压的作用下，活塞向上运动，主阀被打开，出水。当脚放开辅阀的脚踏式开关时，水压恢复平衡，在弹簧的作用下，阀瓣再次顶紧于通水孔上，使主阀关闭，停止出水。脚踏式水龙头满足即用即停的个性用水需求，避免了手的接触，满足公共机构卫生需求，不耗费电能，维护简单（图 5 - 21）。

图 5-21 冲便器使用的脚踏式水龙头

（4）陶瓷片密封水嘴是指以陶瓷片阀芯为核心部件进行密封的水龙头。通俗地讲，陶瓷片密封水嘴就是市场上主流的新型普通水龙头，具有调节方便、密封效果好、寿命长等特点。使用陶瓷片密封水嘴的面盆、洗涤器水嘴流量范围应该为 2.0～7.5L/min，淋浴水嘴流量范围应该为 12.0～15.0L/min。

（5）水龙头限流装置是一种设计用来限制从水龙头或其他分配器（如淋浴花洒）流出的液体或气体（如水或空气）的量的装置，有助于降低所需水量，提高用水效率（图 5-22）。水流限制器可以安装在淋浴喷头的内部或外部，通过气流限制器来控制气流和压力。通常水龙头出水量都大于需要的量，设计良好的限制器并不会影响使用的体验。

图 5-22　北京市水务局机关办公楼节水水嘴设备

2. 节水型便器

推广使用双冲式便器。公共建筑和公共场所使用全冲水，用水量最大限值小于 6.0L 的双冲式便器。高效节水型双冲式便器全冲水用水量最大限值不得超过 5.0L。小便器推广使用非接触式控制开关装置。节水型小便器平均用水量不得超过 3.0L。国家对节水潜力大、使用面广的用水产品实行水效标识制度，水效等级包括三级至一级，一级水效标识节水效果最好（图 5-23）。2018 年《中华人民共和国实行水效标识的产品目录（第一批）》《坐便器水效标识实施规则》已发布实施。《智能坐便器水效标识实施规则（征求意见稿）》《坐便器水效标识实施规则（修订）（征求意见稿）》完成意见征集。

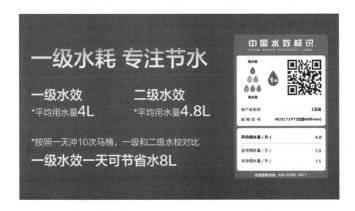

图 5 - 23　电商平台上节水马桶的广告

3. 节水型淋浴设施

淋浴设施分机械式淋浴器和非接触式淋浴器。机械式淋浴器在节水性能上主要考虑阀芯密封性能、冷热水隔墙密封性能、进水口密封性能、手动和自动复位转换开关密封性能、低压密封性能以及稳定水流的最大流量。非接触式淋浴器利用红外线、热释电、微波、超声波以及其他媒介做传感器，不需直接接触即可运行。非接触式淋浴器在节水性能上除了考虑上述机械式淋浴器的几项要求外，还需要考虑抗干扰性。淋浴设施通过减少流量、延长使用寿命、定量给水的方式实现节水效果。

集中浴室普及使用冷热水混合淋浴装置，推广使用卡式智能、非接触自动控制、延时自闭、脚踏式等淋浴装置；水量较大的机关公共建筑推广采用淋浴器的限流装置。

卡式智能淋浴装置是一种结合了非接触自动控制水龙头与感应卡计费功能的智能淋浴装置。刷卡启用，激活时间发生器电路、计费电路和出水电路，出水的同时完成耗水量的计费，取卡则停止计费停止出水，是用水智能监管的一种应用。卡式智能淋浴装置结构相对复杂，计费精准，通过对个人用水计费的方式，促进了主动的节水行为习惯（图5-24）。

图5-24　北京市水务局机关办公楼卡式智能淋浴装置

4. 机关节水卫生洁具改造应用示例

福建省水利厅在节水型机关建设中，改造用水终端器具。先后加装水龙头节水阀 70 个，改造水箱蹲便器 2 个、普通水龙头 4 个、普通加长水龙头 30 个、面盆鹅颈单冷龙头 10 个、面盆龙头（双孔）6 个、面盆龙头（单冷）1 个、面盆龙头（单孔冷热）2 个、面盆龙头（长）17 个、蹲便器按压阀 8 个、小便出水感应器 4 个、纳米无水小便器 3 个、节水花洒 11 个，节水器具普及率 100％（图 5-25）。

(a)面盆水龙头加装节水阀

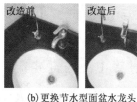

(b)更换节水型面盆水龙头

(c)更换节水型蹲便器按压阀

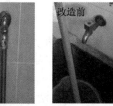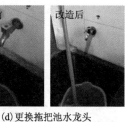

(d)更换拖把池水龙头

(e)安装纳米无水小便器

(f)更换节水型冲厕水箱

图 5-25 福建省水利厅机关各种卫生洁具改造前后对比

二、餐厨用水设施

1. 节水型洗碗、洗菜和冻肉解冻设备

（1）洗碗机是通过机械、化学或热能对餐具进行洗涤、漂洗、干燥、除菌的电器。洗碗机的节水性能通常从洗净性能、漂洗性能、水效率指数三方面进行综合评价，在保证洗碗机较高水平的洗净程度的前提下，做到减少用水量的同时，还能够确保洗涤过程中洗涤剂残留较少，通过权重计算后得到洗碗机的节水指数，从而评价洗碗机节水性能的优劣。工业和信息化部在 2013 年和 2019 年分别制定了行业标准《家用和类似用途电动洗碗机》（QB/T 1520—2013），《家用和类似用途节水型洗碗机技术要求及试验方法》（QB/T 5428—2019）。2019 年 12 月 17 日国家标准化管理委员会批准发布了强制性国家标准《洗碗机能效水效限定值及等级》（GB 38383—2019），标准规定了家用洗碗机的能效、水效限定值和等级，以及相应的试验方法等（表 5-1）。

表 5 - 1　　　洗碗机能效水效指数等级

等级	能效指数 EEI	水效指数 WEI	干燥指数 Pd	清洁指数 Pc
1	≤50	≤45	≥1.08	
2	≤56	≤52	≥1.08	
3	≤63	≤62	≥0.97	≥1.12
4	≤71	≤68	≥0.97	
5	≤80	≤75	≥0.86	

　　洗碗机的水效指数应符合上表中的规定值。洗碗机的水效等级分为5级，其中1级表示水效最高，即节水效果最好。目前《洗碗机水效标识实施规则（征求意见稿）》完成意见征集。市场上常见的洗碗机如图5-26、图5-27所示。

图 5 - 26　美的柜式
　　　　　洗碗机

图 5 - 27　方太水槽式洗碗机

（2）洗菜机是一款专门清洗水果蔬菜的机器，分为商用洗菜机和家用洗菜机两大类。商用洗菜机主要通过超声清洁和臭氧消毒；家用洗菜机通常采用气泡清洗、机械清洗、超声波清洗，通过臭氧、微电解水亦称等离子技术完成清洁消毒。

机械清洗包括翻滚清洗或毛刷摩擦清洗，通过翻滚或利用软毛刷和物料表面直接摩擦，去除物料表面杂物达到清洗的目的。

节水型洗菜机在机械清洗基础上，通常都结合了超声清洁、气泡清洗、臭氧消毒、微电解水等技术方法。

超声波洗菜机是利用机器底部换能器的高频震动引起水分子爆破，数十万水分子同时冲击果蔬表面，剥落果蔬表面污渍，让果蔬在剧烈的震动下，把污物分散、剥离出来。

臭氧洗菜机通过在洗菜机底部安装有臭氧发生器，清洗果蔬时，臭氧发生器产生臭氧，由臭氧泵通过臭氧管输送到洗菜机的洗涤桶中，溶解在水中形成臭氧水，臭氧水具有很强的杀菌、消毒，降解农药作用（图 5-28）。因为臭氧如果超标会形成污染，使用臭氧洗菜机需要注意检查厂家产品是否符合国家环保方面相应检验标准。

图 5-28 某品牌臭氧消毒洗菜机的广告

微电解水洗菜机是利用微电解水分子方式产生大量 H^+ 和 OH^-，H^+ 结合产生大量 H_2 微气泡，在还原性强的 OH^- 和 H_2 微气泡爆破张力的共同作用下，蔬果表面存留的农药、细菌和病毒活性物质会被分解去除。设备造价比较高。

气泡清洗是利用高压风机和水泵在清洗槽产生高压水泡和涡流水流，使清洗槽内的蔬菜不停翻滚，分离蔬菜表面的泥沙，杂质，以达到清洗效果（图 5-29）。清洗过程喷淋和高压喷嘴持续供水，供水量可调，也可以在此汽泡清洗基础上增加臭氧、超声波等其他辅助清洗方式。

图 5 - 29　气泡洗菜机

　　节水型洗菜机采用了超声清洁、气泡清洗、臭氧消毒、微电解水等技术方法，提高了用水效率，有些产品还采用了水循环技术，相比人工清洗实现了水的节约利用。

　　（3）节水型冻肉解冻设备一般采用水循环或微波的方式进行冻肉解冻。水循环冻肉解冻装置采用流动的水为解冻介质，通过鼓泡发生装置，产生气泡将水翻腾流动，达到快速解冻的目的，有些装置还结合了温度置换装置，实现了节能和水循环利用，节约了水的消耗。微波加热解冻装置，利用了微波对冻肉内部加热的作用，避免了水解冻时浪费的水资源，同时避免了水解冻造成的污水排放污染负担。

2. 开水房智能卡结算

开水房智能卡结算是一种结合了非接触自动控制水龙头与感应卡计费功能的智能取水装置。刷卡启用，激活时间发生器电路、计费电路和出水电路，出水的同时完成取水量的计费，取卡则停止计费停止出水，是用水智能监管的一种应用，通过对个人取用开水计费的方式，促进了主动的节水行为习惯（图 5 - 30）。

图 5 - 30　开水房实施智能卡结算

3. 机关节水餐厨设施节水改造应用示例

北京市水务局在机构节水建设中，在食堂加装了节水洗碗机、洗菜机（图5－31）。

　　（a）节水型洗碗机　　　　　　（b）节水型洗菜机

图5－31　北京市水务局机关食堂采用的
节水型洗碗机和洗菜机

三、用水电器

1. 空调的循环冷却技术

空调的循环冷却技术指对公共建筑空调冷却水采用循环系统，使冷却水循环使用率达到98％以上。循环冷却水系统可以根据具体情况使用敞开式或密闭式循环冷却水系统。敞开式系统冷却水浓缩倍数不低于 3。空调冷却水采用循环系统应考虑防腐、阻垢、防微生物处理技术。

2. 饮水机

饮水机中如果有包含反渗透净水功能的，涉及水量的消耗。2018 年颁布实施了《反渗透净水机水效限定值及水效等级》(GB 34914—2017) 国家标准（表 5 - 2）。

表 5 - 2　　　　净水机水效标识等级

净水机水效等级	1 级	2 级	3 级	4 级	5 级
净水产水率％	≥60	≥55	≥50	≥45	≥35

净水机的净水产水率应符合上表的规定。净水机的水效等级 1 级为最高，即节水效果最好（图 5 - 32）。

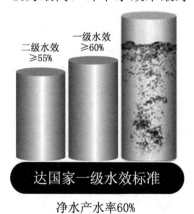

图 5 - 32　电商平台上的反渗透净水器节水广告

133

3. 洗衣机

2013 年颁布实施了《电动洗衣机能效水效限定值及等级》(GB 12021.4—2013)。按照洗衣机的实测单位功效用水量、耗电量、洗净比对洗衣机的用水效率进行了分级，各等级实测单位功效用水量、耗水量、洗净比均应达到表 5-3、表 5-4 中的规定。洗衣机用水效率等级分为 5 级，1 级的用水效率最高，即节水效果最好。

表 5-3　　　波轮式洗衣机和双桶洗衣机
用水效率等级

洗衣机水效等级	单位功效用水量 $We/[\mathrm{L}/(\mathrm{cycle} \cdot \mathrm{kg})]$	单位功效耗电量 $Ee/[(\mathrm{kW} \cdot \mathrm{h})/(\mathrm{cycle} \cdot \mathrm{kg})]$	洗净比 Ce
1	≤10		≥0.90
2	≤14		
3	≤18	≤0.022	≥0.80
4	≤22		
5	≤28		

表 5 - 4 滚筒式洗衣机用水效率等级

洗衣机水效等级	单位功效用水量 $We/[L/(cycle \cdot kg)]$	单位功效耗电量 $Ee/[(kW \cdot h)/(cycle \cdot kg)]$	洗净比 Ce
1	≤6		
2	≤7		
3	≤8	≤0.190	≥1.03
4	≤10		
5	≤12		

第三节 管网设施

一、供水管网

供水管网水漏损是供水节水需要面临的突出问题。积极采用供水管网的检漏和防渗技术，不仅是节约水资源的重要技术措施，而且对于提高供水服务水平、保障供水水质安全等也具有重要意义。

1. 输用水管网、设备防漏和快速堵漏修复技术

降低输水管网、用水管网、用水设备（器具）的漏损率，是节水的一个重要途径。通过限制并逐步淘

汰传统的铸铁管和镀锌管，使用新型的机械强度高、刚性好、安装方便的输用水管材，使用不泄漏、便于操作和监控、寿命长的阀门和管件，能有效降低漏损率。

新型管材方面，大口径管材（DN＞1200）优先考虑预应力钢筒混凝土管；中等口径管材（DN＝300～1200）优先采用塑料管和球墨铸铁管，逐步淘汰灰口铸铁管；小口径管材（DN＜300）优先采用塑料管。使用年限超过 50 年的供水管网、材质落后和受损失修的管网应实施更新改造。

供水管道连接、防腐等方面应采用先进施工技术。一般情况下，承插接口应采用橡胶圈密封的柔性接口技术，金属管内壁采用涂水泥砂浆或树脂的防腐技术；焊接、黏接管道应考虑涨缩性问题，采用适当距离安装柔性接口、伸缩器或 U 形弯管等施工技术。

2. 用水计量管理技术

用水的计量、控制是用水统计、管理和节水的基础工作。包括对用水系统和设备配置计量水表和控制仪表、完善和修订有关的各类设计规范、明确水计量和监控仪表的设计安装及精度要求以及建设用水系统和设备的自动监控系统。

3. 供水管网检测技术

供水管网检测技术包括预定位检漏技术和精确定点检漏技术。预定位检漏技术是指听漏棒、电子听漏仪及噪声自动记录仪来探测供水管道漏水的技术方法。精确定点检漏技术即用相关仪器快速准确地测出地下管道漏水点的精确位置，特别适用于环境干扰噪声大、管道埋设太深或不适宜用地面听漏法的区域。一套完整的相关仪主要是由一台相关仪主机（无线电接收机和微处理器等组成）、两台无线电发射机（带前置放大器）和两个高灵敏度振动传感器组成。

此外，还有采用在建设管网 GIS 系统的基础上，配套建设具有关阀搜索、状态仿真、事故分析、决策调度等功能的决策支持系统的信息化技术，为管网查漏检修提供决策支持（图 5 - 33、图 5 - 34）。

机关节水供水管网节水改造应用示例：淮河水利委员会开展用水分区分级计量改造。在淮河防汛调度设施、档案馆、食堂、活动室、消防、绿化等用水单元安装二级计量表 10 块，值班室、楼内消防栓、消防喷淋、中央空调补水等安装三级水表 5 块，用于计

图 5-33 管网查漏 图 5-34 更换老旧管网

量冷却塔用水的四级表 1 块，安装核算冷凝水箱水量
的计量表 1 块。二级计量表具有数据远程传输功能，
实现计量数据远程采集，建立用水实时监控平台。对
综合楼用水进行分户独立计量，并在食堂加装用水二
级计量水表，剔除对外经营用水，使淮委办公用水计
量更加准确，实现各单元水计量全覆盖。在综合楼分
户计量改造后，对院区供水管网进行全面查漏，开展
地下消防管道锈通漏水维修更换。修复漏损点 10 个，
其中较大漏损点 2 处，开挖沟槽 60m³，更换管道
50m，安装阀门和法兰 10 个，砌筑检查井 1 座等。

在分级计量表安装完成后，委托专业机构对院区供水管网进行水平衡测试，全面诊断用水管网状况，分析各单元用水情况，绘制用水管网图和计量网络图。根据单元用水情况，加强设施设备巡查检查维修力度，改进卫生保洁、绿化养护方式，强化节水运行管理。建立信息监控平台，利用智能二级水表实现计量数据远程采集传输，搭建用水监控智能管理平台，可动态监控各用水单元状况，发现异常立即排查原因，强化了用水计量监管。

二、中水利用

1. 中水利用技术

中水是指部分生活优质杂排水经处理净化后，达到《生活杂用水水质标准》，可以在一定范围内重复使用的非饮用水。它以水质作为区分标志，其水质介于生活自来水（上水）与排入管道内污水（下水）之间，故命名为"中水"。中水的用途有两种：①将其处理到饮用水的程度，即实现水资源直接循环利用，适用于水资源极度缺乏的地区，此用法投资高，工艺复杂；②将其处理到非饮用水的程度，主要用于不与人体直接接触的用水,如厕所冲洗、绿地、树木浇灌、道路清洁、车辆冲洗、基建施工、喷水池以及可以接受其水质标准的其他用水。日常生活中较多采用的是第二种中水处理方式。

建设部1995年发布的《城市中水设施管理暂行办法》规定,凡水资源开发程度和水体自净能力基本达到资源可以承受能力地区的城市,应当建设中水设施,即中水的集水、净化处理、供水、计量、检测设施以及其他附属设施。根据建筑面积和中水回用水量确定中水设施规模。中水设施的管道、水箱等设备其外表应当全部涂成浅绿色,并严禁与其他供水设施直接连接。中水设施的出口必须标有"非饮用水"字样。

《城镇节水工作指南》指出:单体建筑面积超过一定规模的新建公共建筑,具有一定规模的新建住房,应当安装中水设施,老旧住房逐步实施中水利用改造。鼓励安装排水灰黑分离的一体化户内中水设施,推广中水洁厕设施。对含有空调冷却循环水、水景补水、游泳池水循环、集中生活热水循环、锅炉用水循环等系统的建筑或小区,开展水质水量平衡分析,因地制宜地开展水循序利用工程建设和水再生利用改造。

机关中水系统是在具有一定规模建筑面积和用水

量的机关中,通过专门的管网收集洗衣、洗浴排放的优质杂排水,就地进行再生处理和利用的设施。

机关中水利用,宜根据机关污水来源与规模,尽可能按照就地处理、就地回用的原则合理采用相应的再生水处理技术和输配技术;积极采用建筑中水处理回用技术,用于机关的生活杂用水,如冲厕、保洁、洗车、绿化灌溉、景观补水、生态用水等。

2. 机关节水中水利用应用示例

(1)小浪底水利枢纽管理中心。

小浪底水利枢纽管理中心机关进行灰水、空调冷凝水收集利用。将办公楼部分卫生间洗漱间灰水和空调冷凝水进行收集处理后用于冲厕,可节省部分自来水,同时,发挥灰水和空调冷凝水回收利用的示范推广作用(图 5-35、图 5-36)。

(2)天津市水务局。

天津市水务局结合局机关院区实际情况,通过新建非常规水收集管网与原有排水管网的结合,对院区雨水、灰水和空调冷凝水进行收集。利用地下车库空间安装中水处理设备,回收的非常规水主要用于办公楼冲厕及景观绿化(图 5-37)。

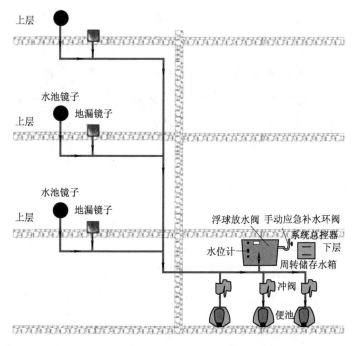

上层

水池镜子
上层　地漏镜子

水池镜子
上层　地漏镜子

浮球放水阀　手动应急补水环阀
水位计　系统总控器
下层
周转储存水箱
冲阀
便池

图 5-35　小浪底水利枢纽管理中心机关灰水利用系统图

图 5-36　小浪底水利枢纽管理中心机关灰水、
空调冷凝水收集利用系统

图 5-37　天津市水务局的中水处理设备

中水利用不仅可以获取一部分主要集中于机关楼宇内的可利用水资源量,还在于体现了水的"优质优用、低质低用"的原则。中水利用还是环境保护、水污染防治的主要途径,是社会、经济可持续发展的重要环节。机关生活污水属于城市污水的一部分,由于城市污水水量稳定,许多国家都将中水回用作为解决缺水问题的优选方案。因此,开展中水回用工作,可以显示出开源和减少污染的双重功效。

第四节　用水智能监管

十九大报告中,习近平总书记将"科技强国、质量强国、航天强国、网络强国、交通强国、数字中国、智慧社会"作为"加快建设创新型国家"建设的重要组成部分,为经济发展、公共服务、社会治理提出了全新要求和目标。"智慧社会"要求加强信息基础设施建设,以智能化引领管理模式的变革,以智慧化提高社会管理及服务水平。

　　信息化建设是促进和带动水利现代化、提升水利行业社会管理和公共服务能力的必然选择。基于信息化建设的用水智能监管是节水"补短板、强监管"的重要途径。云计算、物联网、移动互联网、大数据、人工智能、区块链等技术的兴起和应用,为用水智能监管提供了新的技术手段;泛在感知网络使识别、定位、跟踪、监控和管理更加智能化;知识化处理使管理、决策、评估、监督更有科学依据。这些新技术、新理念、新模式与用水智能监管发展的不断渗透,将促使节水管理和服务模式向"精细化""智能化"的发展和变革。

1. 机关用水智能监管设计

　　机关用水智能监管通过数据采集仪、无线网络、水质水压表等在线监测设备,实时感知用水过程中供排水系统的运行状态,并采用可视化的方式有机整合相关管理部门与供排水设施,并将用水信息进行及时分析和处理,以更加精细和动态的方式管理用水系统的整个流程,从而达到"智能"的状态,辅助节水管理维护和决策。

机关用水智能监管设计组成一般包括:节水信息采集传输、专业数据库技术和节水信息网络基础平台。

节水信息采集传输,需要在用水设施前端安装感知、数据采集设备,包括智能远传水表、智能压力计、数据采集器等。智能远传水表和智能压力计用于计量用水量和水压数据,可以自动采集存储计量数据。数据采集器汇总上传数据。前端感知设备采集数据通过 GPRS、4G、5G 等传输网络,接入用水管理专业数据库。

专业数据库技术利用大数据、云计算等技术,完成数据采集与处理及数据治理,对用水数据资源进行全面汇聚整合。建立用水智能视频分析服务,利用机器识别、智能视频分析技术对管网、设施监控数据进行智能分析计算,为用水安全运行管理提供全新的监管手段。

节水信息网络基础平台是节水管理的综合应用平台。通过设计良好的人机交互界面,提供灵活的数据查询方式、数据警报显示方式和功能分析模块,并可以将数据通过分析报表、图表等形式展示,形成趋势对比,为用水高效管理和决策提供可靠依据。目前在机关节水中应用较多的是用水分析功能和漏水分析功能。用水分析功能通过对同一建筑不同时间段的用水情况进行对比,给出直观的横向、纵向对比数据,可以设定用水警报阈值,便于管理人员发现用水中存在的问题。漏水分析功能通常根据不同时间段设置漏水警报阈值,当水量超过该阈值范围,可判断为怀疑漏水区域。如大部分建筑夜间基本无用水量产生,若系统监测到夜间持续产生用水,系统将发出报警,通过设定好的短信等形式提醒管理人员对该区域进行巡查处理。

2. 机关节水用水智能监管应用示例

(1)珠江水利委员会。

珠江水利委员会自主研发智慧用水管理平台,基于先进的物联网技术,以智能水表计量网络为节点,通过多层级实时水表计量网络实现数据收集功能,集成了多视角领导驾驶舱、多场景三维实景展示、实时在线监测预警、多维度统计分析、水费一键快速结算、分层分级的智能物联等功能。在用水器具张贴二维码,保存报修信息端口信息,职工随时随地通过手机扫码即可实现点对点高效报修维护,节约了日常用水管护人力,提高了办公区用水管理维护效率,为用水精细化管理与考核奠定了基础。优化重构了办公区用水计量体系,原有机械水表全部替换为智能远传水表,在实现分户分功能计量的基础上,进一步实现了三级以及四级计量,更换并新增智能水表 46 块,用水计量体系更为精细(图 5 - 38)。

图 5 - 38　珠江委用水实时监控平台界面

(2)太湖流域管理局。

太湖流域管理局在节水机关建设中主动融入大数据和人工智能科技元素,建设动态智慧节水管理系统,构建用水实时监控平台,实现智能精准高效的智能用水管理。通过对原有机械水表加装光感探头,实现用水数据实时采集和远程传输,形成长效精准的用水电子台账,工程改造量小,投入少,大幅节省了人力物力。

通过构建三维可视化管网系统,展示防调楼及职工食堂水表及管网分布,融入用水实时监控数据,实现管网分区信息化管理和用水全过程监控,为维修抢修提供最直观展示。通过实施用水电子台账大数据分析统计,实时发现水表管网跑冒滴漏,利用太湖局短信平台实时通知相关管理和技术人员,实现了分区漏水实时监视报警,及时发现,及时处置,减少了人力巡查工作量,降低了巡查漏检现象。同时用水实时监控平台将预留用气、用电等监控平台接口,利于后期整合建设节能监管系统,全面体现太湖局节水标杆的示范引领作用(图 5 - 39)。

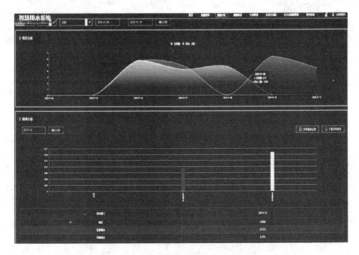

图 5 - 39 动态智慧节水管理系统界面

第六章 节水型机关建设整体技术内容

党的十八大以来,习近平总书记明确提出"节水优先、空间均衡、系统治理、两手发力"的治水思路,将"节水优先"摆在首要位置。为深入贯彻落实总书记提出的"节水优先"方针,中央和国家机关必须走在前、作表率。开展节水机关建设,要以习近平新时代中国特色社会主义思想为指导,以实施国家节水行动为统领,坚持水资源消耗总量和强度双控,全面提升水资源利用效率,按照因地制宜、经济适用的原则,综合集成各项节水措施,强化用水过程管理,以建成"节水意识强、节水制度完备、节水器具普及、节水标准先进、监控管理严格"的标杆单位为目标,探索可向社会复制推广的节水型机关建设模式,示范带动全社会节约用水。

节水型机关建设强调规范化、精细化和智能化,通常包括以下几个方面:节水管理制度、用水管控和监督、节水设施建设、节水宣传教育、节水经验推广。在节水设施建设中应重视推广使用先进实用的节水新技术、新产品，积极利用非常规水，发挥用水在线监控平台作用（图 6－1）。

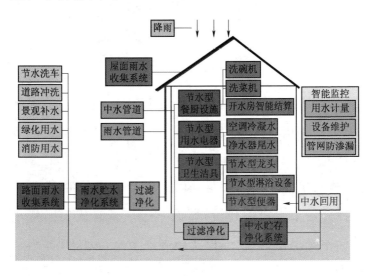

图 6-1　机关节水设施建设整体技术内容

一、节水管理制度

节水机关建设以制度为规范。节水管理制度包括节水管理岗位责任制度、用水管理制度以及节水考核制度。节水管理岗位责任制度一般包括节水管理领导职责、管理部门、人员和岗位职责等。用水管理制度包括年度节水计划、年度用水计划、设施巡回检查、设备维护、用水计量管理等。节水考核制度包括节水机关建设标准、节水机关考核等。

二、用水管控和监督

日常用水实施精细化管理。严格执行巡回检查、设备维护、用水计量等用水管理制度。严格用水设施设备的日常管理，定期巡护和维修，杜绝跑冒滴漏。依据国家有关标准，配备和管理用水计量器具，建立完善、规范的用水记录。

三、节水设施建设

（1）积极推广使用先进实用的节水新技术、新产品，淘汰不符合节水标准的用水设备和器具，开展卫生洁具、食堂用水设施、空调设备冷却系统、老旧供水管网、耗水设备等节水改造。绿化用水应采用喷灌、滴灌等高效节水灌溉方式。具体包括：雨水利用、绿地节水灌溉、机动车洗车等室外节水技术、卫生洁具、餐厨用水设施、用水电器、管网设施、中水利用等方面。

（2）积极利用非常规水。缺水地区和有条件的地区应开展雨水集蓄利用建设，鼓励建设再生水利用系统和灰水处理装置。纯净水生产设备应安装尾水回收利用设施，空调冷凝水应进行收集利用，绿化和景观用水尽量利用非常规水。

（3）发挥用水在线监控平台作用，加强用水总量和效率评估。

四、节水宣传教育

在主要用水场所和器具的显著位置张贴节水标识。定期发布节水信息，开展节水宣传主题活动，引导干部职工参与节水志愿活动，遵守节水行为规范。发挥新媒体作用，普及节水知识，营造良好节水氛围。

五、节水经验推广

及时总结提炼本单位节水机关建设经验，为节水型单位建设提供示范，充分利用多种措施宣传推广，推进本地区公共机构节水型单位建设工作。

附录一 机关节水相关政策法规原文链接

1. 中华人民共和国水法

2. 中共中央 国务院关于加快水利改革发展的决定

3. 国务院关于实行最严格水资源管理制度的意见

4. 国务院办公厅关于推进海绵城市建设的指导意见

5. 国务院关于印发水污染防治行动计划的通知

6. 中共中央关于制定国民经济和社会发展第十三个五年规划的建议

7. 国民经济和社会发展第十三个五年规划纲要

8. 国务院关于深入推进新型城镇化建设的若干意见

9. 中共中央 国务院关于完善促进消费体制机制进一步激发居民消费潜力的若干意见

10. 取水许可和水资源费征收管理条例

11. 水资源税改革试点暂行办法

12. 扩大水资源税改革试点实施办法

13. 中华人民共和国企业所得税法

14. 中华人民共和国资源税法

附录二 重大节水规划行动原文链接

1. 水污染防治行动计划

2. 全民节水行动计划

3. 全国城市市政基础设施建设"十三五"规划

4. 国家节水行动方案

参 考 文 献

［1］ 李鹏飞，李勇．餐厨污水就地处理与中水回用工艺的探索与实践［J］．水处理技术，2020，46（01）：134-136，140．

［2］ 吴健，赵明星，阮文权．A/O-MBR 处理高 COD 和高氨氮餐厨废水试验研究［J］．工业水处理，2014，34（04）：66-69．

［3］ 何艳，刘彦言，鲍文静，等．不同解冻方法对冻结肉品质的影响［J］．食品与发酵工业，2018，44（05）：291-295．

［4］ 张立成，兰宇，李明才，等．住宅冲厕用水比例问题探讨［J］．给水排水，2014，50（09）：156-157．

［5］ 柳晓明，戴吉，吴镝，等．新型水循环之海水冲厕的可持续应用［J］．Engineering，2016，2（04）：159-178．

［6］ 苗英霞，王树勋，郝建安，等．对我国海水冲厕立法的思考［J］．水资源保护，2014，30（04）：93-96．

［7］ 胡光胜，朱学文，王莉．浅谈城市园林绿化的节水问题［J］．科技信息，2011（27）：374．

［8］ 王雪，李海洋，周云，等．哈尔滨建设节水型园林绿地改进建议［J］．北方园艺，2013（01）：78-81．

［9］ 胡光胜，朱学文，王莉．浅谈城市园林绿化的节水问题［J］．科技信息，2011（27）：374．

［10］ 续曙光，李锁定，刘忠洲．我国膜分离技术研究、生产现状及在水处理中的应用［J］．环境科学进展，1997（06）：73-77．

［11］ 吴俊奇，颜懿柔，乔晓峰，等．用水舒适度测试与节水潜力分析［J］．给水排水，2019，55（05）：113-118．

［12］ 冉连起．努力培育节水的生产和生活方式［J］．水利发展研究，

2006 (10)：42 - 44.

[13] 党秀云. 论志愿服务的常态化与可持续发展 [J]. 中国行政管理，2011 (03)：50 - 54.

[14] 中国青年志愿者节水护水志愿服务行动启动.（2015 - 4 - 20）[2020 - 12 - 1]. http：//env. people. com. cn/n/2015/0420/c1010 - 26874090. html.

[15] 让节约用水成为行业本色——全国节水办主任许文海解读《水利职工节约用水行为规范（试行）》(2015 - 4 - 20)[2020 - 12 - 1]. http：//slt. henan. gov. cn/2020/05 - 12/1453975. html.

[16] 王培君，尉天骄. 传统水观念与节水型社会建设 [J]. 河海大学学报（哲学社会科学版），2011，13 (02)：41 - 44，91 - 92.

[17] 代志娟. 城市节水：点滴铸就生态文明 [N]. 中国水利报，2019 - 12 - 12 (005).

[18] 中国水利杂志社. "水周"更改问答 [J]. 中国水利，1994 (01)：9 - 10.

[19] 水利部. 发出通知"水周"改为每年的 3 月 22 日至 28 日 [J]. 中国水利，1994 (01).

[20] 国家发展改革委等. 中国节水技术政策大纲（上）[J]. 节能与环保，2005. No. 5：1 - 3.

[21] 国家发展改革委等. 中国节水技术政策大纲（中）[J]. 节能与环保，2005. No. 6：4 - 6.

[22] 国家发展改革委等. 中国节水技术政策大纲（下）[J]. 节能与环保，2005. No. 7：8 - 10.

[23] 水利部. 全国节水机关建设亮点 [EB/OL].（2019 - 11 - 27）[2020 - 12 - 1]. http：//www. mwr. gov. cn/ztpd/2020ztbd/qgjsjgjs/. 2020.